面向新工科的电工电子信息基础课程系列教材

教育部高等学校电工电子基础课程教学指导分委员会推荐教材

电力电子技术

王子赟　王　艳　主　编

纪志成　颜文旭　张　伟　副主编

清华大学出版社

北京

内 容 简 介

本书内容涵盖电力电子技术涉及的四个核心变换类型：整流、逆变、斩波和交-交变流，包括器件的性能介绍、电力电子技术原理阐述、工程应用和实例分析。本书共分 9 章，第 1 章，绪论介绍电力电子技术的概念，以及电力变换基本类型，讲述电力电子技术的发展历程；第 2 章描述三种类型的电力电子器件及相关特性；第 3～6 章为本书的核心内容，主要阐述电力电子技术的四种变换类型及基本原理；第 7 章介绍软开关技术；第 8 章和第 9 章侧重电力电子技术的应用，阐述电力电子技术的典型应用领域，以及电力电子技术的设计实例。本书融入 Multisim 仿真技术，介绍电力电子技术的仿真实现过程，方便读者直观掌握知识。

本书可以作为高等院校电子信息类、自动化类、电气自动化类等专业的本科教材，也可供自主学习者和相关领域的工程技术人员学习参考。

图书在版编目（CIP）数据

电力电子技术/王子赟，王艳主编. —北京：清华大学出版社，2022.9
面向新工科的电工电子信息基础课程系列教材
ISBN 978-7-302-60306-1

Ⅰ．①电… Ⅱ．①王…②王… Ⅲ．①电力电子技术－高等学校－教材 Ⅳ．①TM76

中国版本图书馆 CIP 数据核字（2022）第 039220 号

责任编辑：文 怡
封面设计：王昭红
责任校对：韩天竹
责任印制：刘海龙

出版发行：清华大学出版社
　　　网　　　址：http://www.tup.com.cn，http://www.wqbook.com
　　　地　　　址：北京清华大学学研大厦 A 座　　邮　　编：100084
　　　社 总 机：010-83470000　　　　　　　邮　　购：010-62786544
　　　投稿与读者服务：010-62776969，c-service@tup.tsinghua.edu.cn
　　　质量反馈：010-62772015，zhiliang@tup.tsinghua.edu.cn
　　　课件下载：http://www.tup.com.cn，010-83470236
印 装 者：三河市铭诚印务有限公司
经　　销：全国新华书店
开　　本：185mm×260mm　　印　张：14.25　　　字　　数：322 千字
版　　次：2022 年 10 月第 1 版　　　　　　印　　次：2022 年 10 月第 1 次印刷
印　　数：1～1500
定　　价：55.00 元

产品编号：088544-01

当代人类的日常生活、工厂的机械设备、航天工程的高精度仪表,乃至互联网世界的精密算法,都离不开高质量、高可靠性的电能保障。电力电子技术是一门解决电力变换问题的科学技术,目的是实现不同电能类型间的可靠转换,最大程度满足用户的需求。伴随着电力电子技术深入融合到各行各业,其自身也得到了快速发展,从英国物理学家弗莱明研制出第一只电子二极管,到1957年美国通用公司开发出第一只晶闸管,再到20世纪五六十年代涌现的一批批全控型器件,时至今日研发出的集成化、高频化、智能化现代电力电子器件,这些器件的出现极大地丰富了电力电子技术的可能性,也让学者们更清楚地意识到电力电子技术的无穷潜力。现阶段,我国高等院校电子信息类、自动化类、电气信息类等专业大多开设了电力电子技术相关课程,部分高校将其作为专业核心课程,这也体现出相关专业对电力电子技术的重视程度。与此同时,智能时代下软件技术的进步为基础学科的发展提供了新的教学模式,工程实践能力的应用教学也是现阶段专业核心课程教学的短板,因此具有时代特性、兼具理论内涵的电力电子技术课程教材的编写,就显得愈发重要。

本书按照48学时的教学总时长编写,全书共9章。第1章绪论,主要介绍电力电子技术的概念和变换方式,以及发展史,简单介绍本门课程涉及的虚拟仿真软件;第2章侧重介绍电力电子器件的概念和类型,以及相关工作原理和工作特性;第3~6章为核心内容,详细介绍电力电子技术涉及的四种核心变换和基本原理;第7章介绍软开关技术;第8章和第9章侧重应用,分析电力电子技术的一些典型案例,让学生掌握电力电子实际电路的模块设计原则和参数计算方法。教师可以根据教学需求,灵活安排教学进度,侧重讲述第2~7章内容,使学生能够牢固地建立起电力电子技术的基本框架,掌握核心变换的原理,同时在课外适当布置电力电子技术的工程设计或课程设计作业,提升学生解决复杂工程问题的能力。第2~7章还提供了详尽的Multisim仿真案例分析,提升课程教学的互动性,让学生能够更直观地掌握电力电子技术的基本原理,也是作为硬件实验环节的一个重要补充。

本书的特色在于:①体现工程教育专业认证的理念,注重对学生解决复杂工程问题能力的培养,将电力电子技术工程能力的培养模块化、课程化;②内容涵盖电力电子技术全部的四种变换原理,分析过程详细,讲解通俗易懂;③配合Multisim仿真软件,对电力电子关键技术及相关电路均介绍了仿真分析方法,使读者可以更直观地掌握电力电子技术的基本原理;④双色印刷,通过翔实易懂的电路阐述和彩色描述的波形分析,方便读者区分不同波形特点,理清电路分析的逻辑;⑤主要章节配有课后习题,题目布置循序渐

前言

进,配套课后习题讲解,加深对课本知识的理解和掌握;⑥构建新形态立体化教材,配套资源丰富,包括教学大纲、PPT 课件,可扫描前言下方的二维码下载。教学视频、动图、MOOC 等数字资源正在建设中,将持续更新。

本书由王子赟、王艳共同担任主编并统稿,纪志成、颜文旭、张伟等担任副主编编著了部分章节,并对本书的出版和编排提出了宝贵建议。研究生张梦迪、李南江、刘子幸、王培宇、徐桂香、张帅、李旭为本书做了相关软件仿真和资料整理工作,在此对他们的帮助表示衷心的感谢。

在本书的编写过程中,重点参考了王兆安、刘进军主编的《电力电子技术》(第 5 版)、洪乃刚主编的《电力电子技术基础》(第 2 版)、张波、丘东元主编的《电力电子学基础》、李鹏飞主编的《电力电子技术习题集》等经典教材。在出版过程中,清华大学出版社文怡编辑和其他同事不辞辛劳,为本书的出版倾尽全力。正是在各位前辈的指引和出版社老师们的帮助下,本书才能如期出版,在此对他们深表敬意和谢意。

由于编者水平有限,书中难免有疏漏和不妥之处,恳请广大读者提出宝贵意见。

编　者

2022 年 8 月于江南大学

教学大纲、PPT 课件

目录

目录

目录

目录

目录

目录

第1章

绪论

1.1 电力电子技术的概念

1.1.1 电力电子技术的定义

传统的电子技术是根据电子学的原理,运用电子元器件设计和制造某种特定功能的电路以解决实际问题的科学,利用信号的发生、放大、滤波、转换等方式完成对电信号的处理。电子技术包括信息电子技术和电力电子技术两大分支,其中信息电子技术包括模拟电子技术和数字电子技术,侧重对信号或信息的处理。**电力电子技术**是应用于电力领域的电子技术,目的在于使用功率半导体器件(如晶闸管、电力晶体管等)对电能进行变换和控制,通过在特定的电路结构中,周期性地改变电路中器件的导通关断,进而改变电能的形式。

电力电子技术作为一门电力技术、电子技术和控制理论融合发展的交叉学科,以电力电子器件为基础,变流电路为核心,致力于微电子技术的小功率、高速化发展和电力电子技术的大功率、智能化发展,无论在传统工业领域还是在高新技术产业领域的应用都发生着日新月异的变化。

1.1.2 电力变换的基本类型

电力电子技术主要用于电力变换,具体的变换形式如图 1.1 所示,包括:

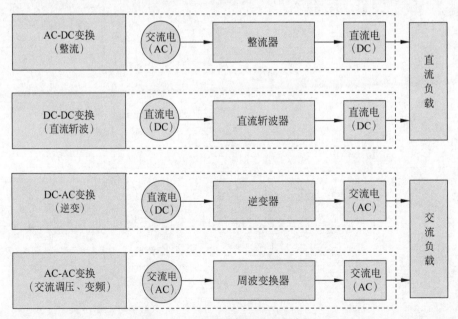

图 1.1 电力变换的四种基本类型

（1）**交流-直流（AC-DC）变换**。面对电力网供给交流电,而许多用电装置需要直流电的情况,AC-DC 变换把交流电变换成稳定或可调的直流电,这种变换过程称为**整流**,完成 AC-DC 变换的电力电子装置称为整流器(Rectifier)。(AC-DC 变换经常应用于直流电动机调速、蓄电池充电、电镀、电解以及其他直流电源。)

（2）**直流-直流（DC-DC）变换**。DC-DC 变换可以将幅值固定或变化的直流电压变换成幅值可调或恒定的另一个直流电压,包括升压、降压和升-降压变换等多种形式,通常称为**直流斩波**,实现 DC-DC 变换的电力电子装置称为斩波器(Chopper)。DC-DC 变换常应用于开关电源、电动汽车、电池管理、直流电机调速等领域,在起到调压作用的同时,还能有效地抑制谐波电流噪声。

（3）**直流-交流（DC-AC）变换**。DC-AC 变换把直流电变换成频率和电压均可调的交流电,这种与整流相反的变换形式称为**逆变**,完成 DC-AC 变换的电力电子装置称为逆变器(Inverter)。当逆变器的交流输出与电网相连时,其逆变形式称为有源逆变;当逆变器的交流输出与电机等无源负载相连时,其逆变形式称为无源逆变。有源逆变本质上是整流器的逆运行状态,主要用于电能的高压直流输电,交、直流调速四象限运行中的电能回馈和太阳能、风能等新能源的并网发电等;无源逆变主要用于交流电机传动、步进电机控制、应急电源(EPS)、不间断供电电源(UPS)等。

（4）**交流-交流（AC-AC）变换**。AC-AC 变换把一种形式的交流电变换成为另一种电压、频率固定或可调的交流电,AC-AC 变换主要有**交流调压**和**交-交变频**两种基本形式,其中交流调压只调节交流电压而频率不变,常应用于灯光控制和异步电机的软启动等;交-交变频是电网固定频率的交流电经过功率半导体电路直接转变为频率可调的交流电的过程,完成交-交变频的电力电子装置称为周波变换器(Cyclo-converter),主要用于大功率交流变频调速等。

1.2　电力电子技术的发展史

1.2.1　全球电力电子技术发展阶段

电力电子技术的发展史可以看作是一部电力电子器件的进步史。自 1957 年美国通用电气公司发明了世界上第一只晶闸管,至今电力电子技术已走过几十年的发展历程。根据标志性器件的诞生时间,可以将电力电子技术发展史分为电子管时代、晶闸管时代、全控管时代和现代电力电子技术四个发展阶段。

1. 电子管时代

1883 年,爱迪生在寻找电灯泡灯丝最佳材料时发现,放置在真空容器中加热的金属丝会产生微弱电流,后来人们把这种现象称为爱迪生效应。1904 年,英国物理学家弗莱明在爱迪生效应的基础上,在真空灯泡里安置碳丝和铜板,作为阴极和阳极,实现了电子的单向流动,从而发明了世界上第一只电子二极管,标志着人类进入了电子时代。1906

年,美国工程师弗雷斯特在真空二极管内放置栅栏式的金属网,用于控制阴极和阳极之间的电流,栅极微弱的电流变化会引起阳极电流较大的变化,而且变化波形与栅极电流一致,即真空三极管的放大作用,真空三极管的发明也是电子工业真正的起点。然而,电子管体积大、能耗高、使用寿命短、噪声大等缺陷制约了它的发展空间。1947 年,美国的贝尔实验室发明了人类第一只晶体管,肖克利、巴丁和布拉顿也因此获得了 1956 年诺贝尔物理学奖。晶体管的出现,一方面促进了集成电路、微处理器和计算机的发展,造就了20 世纪 50—60 年代以美国硅谷为代表的电子产业的繁荣,另一方面也为电力工业整流器的诞生奠定了基础。

2. 晶闸管时代

整流器的诞生可以追溯到 1901 年,无线电先驱、印度加尔各答总统学院物理学教授 Jagadis Chandra Bose 发明了第一个用于检测无线电波的半导体晶体整流器。然而,真正用于电力电子领域的整流器是 1957 年美国通用电气公司开发的世界上第一个用于功率转换和控制的可控硅整流器(SCR),也就是晶闸管。因此,1957 年被视为**电力电子元年**。晶闸管具有 PNPN 四层半导体结构,在二极管的阳极、阴极基础上增加了门极作为控制端。晶闸管具有体积小、重量轻、效率高、寿命长等优点,能够以微小的电流控制较大的功率,让传统的半导体电力电子器件从弱电控制领域进入了强电控制领域。在应用层面,晶闸管也迅速取代了水银整流器,实现了真正意义上的静态化和无触点化。从 20世纪 50 年代末开始,由初代晶闸管逐渐衍生出快速晶闸管、光敏晶闸管、双向晶闸管等不同特性、可用于不同场合的器件。

3. 全控管时代

在更新换代过程中,传统的晶闸管有两个重要的缺陷难以避免:①控制功能的欠缺。普通的晶闸管属于半控型器件,通过门极只能控制导通而不能控制关断,即晶闸管导通后的门极将不起作用,只能通过向阳极和阴极施加反压达到关断的目的。考虑到晶闸管不能控制关断的特点,工程实际中需要配以由电感、电容或辅助开关器件等构成的换流电路,因此整体的晶闸管电路结构更为复杂、成本更高且可靠性降低。②晶闸管的开通损耗大,导致工作频率难以提高,限制了晶闸管的应用范围。1959 年,贝尔实验室的卡恩和艾塔拉发明了金属氧化物半导体场效应晶体管(MOSFET);1964 年,美国第一次试制成功了 500V/10A 的可关断晶闸管(GTO)。20 世纪 70 年代末,随着 GTO、电力晶体管(GTR)和 MOSFET 的日益成熟,不仅成功克服了普通晶闸管的缺陷,其适用场景也延伸至逆变环节,能够实现中低频范围内的整流和逆变,标志着电力电子器件从半控型发展到全控型。然而在电压过高的环境下,MOSFET 管无法正常工作,普通的双极功率晶体管则需要笨重、昂贵的控制和保护电路。为解决这一问题,20 世纪 80 年代初,通用电气公司的工程师发明了把 MOS 与 BJT 技术集成起来的绝缘栅双极型晶体管(IGBT)。之后,IGBT 被广泛应用于家用电器、工业机器人、光伏设备等任何需要随时快速开关高压电的领域。这些新型的全控器件的问世,让中小功率电源向高频化发展的同时,也为用电设备的小型化和轻量化提供了技术基础。

4. 现代电力电子技术时代

现代电力电子技术的发展主要集中在集成化、高频化、智能化等方面。20 世纪 80 年代，功率 MOSFET、IGBT 等具有 MOS 栅控制、高输入阻抗、低驱动功耗、易于保护等特点的新型器件出现，简化了驱动电路的同时，加速了功率集成电路（PIC）的发展。进入 20 世纪 90 年代，PIC 的设计与工艺水平不断提高，作为现代电力电子技术发展的重要方向进入实用阶段。由于电力电子产品的体积、重量与供电频率的平方根成反比，集成化之后体积减小的电力电子装置供电频率自然升高，可以实现电力电子技术高频化。与此同时，电力电子技术的发展不仅局限于器件本身性质的稳定提升，还拓展到电力电子控制技术的研究。为了降低关断电流电路的危险性，保障电力系统的安全稳定，研究人员提出了以谐振开关电源为基础的软开关技术。随后新的软开关技术不断涌现，降低了工业应用领域对器件性能的依赖。同时，随着单片机、DSP、FPGA 等多种控制芯片的飞速发展，对电力电子装置的控制也向着更低损耗的全数字化发展，实现电力电子装置运行的智能化。

1.2.2　我国电力电子技术发展历程

我国的电力电子技术起步于 20 世纪 50 年代末。1956 年，中国物理学会主办了"半导体物理讨论会"，并于 1957 年出版了《半导体会议文集》。这次盛会拓展了国内半导体事业，对我国半导体科学技术的发展产生了深远的影响，最终促使半导体科学技术列入我国《十二年科学技术远景规划》，成为 57 项任务之一。科学规划委员会还提出并获批了"发展计算技术、半导体技术、无线电电子学、自动学和远距离操纵技术的紧急措施方案"。1956 年，我国创办了第一个五校联合半导体专业，开始自主培养半导体科技人才。自 20 世纪 50 年代末研制出第一只整流管、60 年代初研制出第一只晶闸管和晶体管之后，大功率硅整流管和晶闸管的开发与应用得到很大发展。在电解、牵引和传动三大领域，大功率硅整流器能够高效率地把工频（50Hz）交流电转变为直流电，每年节约几十亿度电，因此国内掀起了一股大办硅整流器厂的热潮。

20 世纪 70 年代起，我国陆续建成投产了以国营东光电工厂和上海无线电十九厂为代表的几十家集成电路工厂。伴随着世界范围内能源危机的出现，交流电机变频调速、高压直流输出、静止式无功功率动态补偿等技术因节能效果显著得以迅速发展。经过近 10 年的发展，我国的电力电子技术已经能够实现整流和逆变，但工作频率仍局限在中低频范围内。

改革开放以后，大规模和超大规模集成电路技术迅猛发展，为现代电力电子技术的发展奠定了基础。在每个"五年计划"期间，都制定了半导体科技特别是集成电路技术的发展战略并进行科技攻关。自 1979 年起，每两年召开一次的全国半导体物理学术会议以及国内其他的半导体科技学术会议，促进了国内半导体研究领域的学术交流，帮助大家了解国际重大前沿领域的发展动向,有效地提升了国内半导体科技领域的研究水平。2000 年国务院发布《鼓励软件产业和集成电路产业发展的若干政策》,不仅成立了多家国家级 IC 设计产业化基地和包括中芯国际在内的很多半导体科技公司,还加速引进国外先进技术,例如英特尔、三星等国外公司相继在中国建厂。

国家经济的持续发展、节能减排的驱动、产业政策的扶持、战略安全的需要和全球化趋势,助推着我国电力电子技术的快速发展。传统晶闸管的电压等级和电流容量不断扩展,技术水平居世界前列,以 MOSFET、FRD 和 IGBT 为代表的现代电力电子器件产业化已初具规模,并与国际技术形成竞争态势。新型器件的发展不仅为变频调速设备提供了较高的频率,使其性能更加完善可靠,而且为电力电子技术不断向高频化发展提供了重要的技术基础。我国昌吉至古泉(准东至皖南)±1100kV 高压直流输电工程,起于新疆准东(昌吉)换流站,止于安徽宣城(古泉)换流站,途经新疆、甘肃、宁夏、陕西、河南、安徽六省区,线路路径总长度约 3304.7km,输送容量 1200 万 kW,电压 ±1100kV,是世界上电压等级最高、输送容量最大、输送距离最远的直流输电工程。随着电力电子技术的不断优化,电力电子产品设备的用途不断扩展,逐渐步入智能化、集成化及数字化控制时代。

1.3　电力电子技术的应用领域

随着科学技术的不断发展和人民生产生活要求的不断提高,电力电子技术的应用越来越广泛,主要包括电机调速、电力系统、交通运输、电气节能和新能源系统等领域,对人类社会的进步、经济发展和生活质量的提高发挥着积极的作用。下面列举一些电力电子技术的典型应用领域。

1. 电机调速

电机调速是电力电子技术应用最早且范围最广的应用领域。在电力电子技术出现之前,直流发电机-直流电动机调速系统如图 1.2 所示。该系统由交流电动机带动直流发电机,通过调节直流发电机励磁,从而改变直流电动机的电枢电压而调节电动机转速。在电力电子技术诞生后,旋转机组的调速迅速被晶闸管-直流电动机调速系统取代,如图 1.3 所示。原机组中的交流电动机和直流发电机被电力电子整流器代替,既没有噪声,又控制灵活。

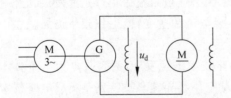

图 1.2　直流发电机-直流电动机调速系统

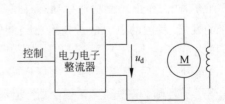

图 1.3　晶闸管-直流电动机调速系统

2. 电力系统

电力电子技术广泛应用于电力系统的三个主要环节：

（1）发电环节。电力系统中大型发电机的静止励磁采用晶闸管整流自并励方式，省去了励磁机这个中间惯性环节，具有结构简单、调节快速等优点，充分发挥了先进的控制规律的作用，并提供了产生良好控制效果的有利条件。变速恒频发电系统有多种形式，如交-直-交发电系统、磁场调制发电系统、交流励磁双馈异步发电系统、无刷双馈型发电机系统、爪极式发电机系统和开关磁阻发电机系统，尤其在水力、风力发电方面，变速恒频励磁体现出显著的优越性和广阔的应用前景。

（2）输电环节。高压直流输电是将三相交流电通过换流站变成直流电，然后通过直流电输电线路送往另一个换流站，并变成三相交流电的输电方式，具有输电容量大、稳定性好、控制调节灵活等优点。除了直流输电，1986 年提出的柔性交流输电技术（FACTS，又称为灵活交流输电技术）用可靠性很高的大功率可控硅元件代替传统元件中的机械式高压开关，采用具有单独或综合功能的电力电子装置，对输电系统的主要参数进行灵活快速的适时控制，以实现输送功率合理分配，并降低功率耗损和发电成本。此项技术是实现电力系统安全经济、综合控制的重要手段。

（3）配电环节。电能质量控制既要满足对电压频率、谐波和不对称度的要求，又要抑制各种瞬态的波动和干扰。电力电子技术和现代控制技术在配电系统中的应用，是在FACTS 各项成熟技术的基础上发展起来的电能质量控制新技术，例如动态无功发射器、电力有源滤波器等，以加强供电可靠性和提高电能质量。

3. 交通运输

直流电气机车通过控制各个电力电子器件的控制角，可实现电路在整流和逆变之间的切换，实现电机的转动和制动。如图 1.4 所示的交流电气机车系统，其中的变流装置是电力电子技术的典型应用。

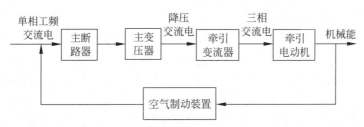

图 1.4 交流电气机车系统结构

对于电动汽车，其电动机依靠变频器和斩波器进行电力变换和驱动控制，蓄电池的充电也离不开电力电子装置。快充直接将快速充电桩的直流电通过配电盒充进动力电池，充电时根据温度等条件通过通信线控制充电电流大小；慢速充电桩或家用交流电通过车载充电机将交流电转换为直流电，再通过配电盒给动力电池充电。电动汽车具有无噪声、无污染、电力驱动的特点，拥有较好的发展前景。

4. 电气节能

电力电子技术在电气节能领域的应用包括变频调速、电能质量、有源滤波等,其中以变频调速系统为主。电力电子技术为变频调速提供动力,通过交流电动机的变频调速消除有害的高次谐波和电压波动,提高能源利用率,达到节能的目的。全世界总用电量中有约60%是通过电动机消耗的,因此变频调速器在提高电动机电能利用率方面发挥了重要作用。在当前的机械设备中,30%的低压电机系统和20%的高压电机系统都采用了电力电子变频技术。

虽然目前电力电子技术在电气节能领域的应用已经成熟,但是存在的问题也比较明显,例如设备运作的稳定性、装置的复杂程度和安装成本,还需更深入地研究。在电子电力变频器未来的发展中,可不断优化变频器的功能与特点,朝着专用型和集成型的方向发展,使变频器与设备之间更加匹配,从而达到增强稳定性、降低复杂性的目的,间接降低设备的整体成本。

5. 新能源系统

水力、风力、太阳能和潮汐能发电可以减少环境污染,缓解能源短缺的问题,正确地使用电力电子技术可以进一步提升新能源的稳定性及转化率。

(1) 水力发电。电力电子技术可应用于发电机组的变速恒频励磁器件上,从而调节水流量对水力发电效率的影响。以三峡水电站为标志的大批水电站就是水力发电的具体应用,它们的建立不仅降低了能源消耗,而且推进了我国经济的发展。

(2) 风力发电。在风力系统中,MW级双反馈式风电机组变流器、MW级直驱式风电机组变流器、风力发电机组变桨控制系统等都应用了电力电子技术。采用电力电子变换器装置实现变速恒频双风力发电系统,为风力发电机提供无功控制;利用静止无功补偿装置(SVC)支持交流风电输电的无功补偿;在电源换流器(VSC)的基础上实现风电直流输电。

(3) 太阳能发电。目前太阳能发电主要采用太阳能光电技术、光热技术和光伏技术。光伏发电系统利用光生伏特效应把太阳能转换成直流电能,然后通过逆变器转化成交流电直接投入使用,还可以经过变压器升压进入电网输送电能的光伏发电系统当中。光电技术和光热技术由于环境限制、设备成本、存储状况等问题,未能进行大规模的推广应用。

(4) 潮汐能发电。潮汐能发电是在发电机的综合作用下将潮汐能转换为电能,并以恒压恒频的形式输出到其他种类的电力装置中,进而为电力系统提供重要电力能源。正确运用潮汐能发电技术,有效缓解电力压力是当前的重要任务。

1.4 电力电子电路的虚拟仿真软件

由于电力电子电路中的电力电子器件的开关具有非线性,给电力电子电路的分析带来了一定困难,使电路计算的复杂程度增加。对于电力电子电路的分析,一般采用波形分析和分段线性化的处理方法。现代计算机仿真技术为电力电子电路和系统的分析提供了崭新的方法,使复杂的电力电子电路分析和设计变得更加容易和有效,也成为学习电力电子技术的重要手段。

电力电子电路的虚拟仿真软件很多,目前较为常用的有 Multisim、MATLAB/Simulink 平台和 Pspice,这 3 种软件都有很好的人机对话图形界面和丰富的模型库,可应用于控制理论、电力电子电路和电力拖动控制系统的仿真。

1. Multisim 仿真软件

Multisim 仿真软件是美国国家仪器(NI)公司推出的以 Windows 为基础的仿真工具,适用于板级的模拟/数字电路板的设计工作。它包含了电路原理图的图形输入、电路硬件描述语言输入方式,具有丰富的仿真分析能力。工程师可以使用 Multisim 交互式地搭建电路原理图,并对电路进行仿真。Multisim 提炼了 Spice 仿真的复杂内容,无需深入的 Spice 技术就可以很快地捕获、仿真和分析新的设计,更适合电子学教学。通过 Multisim 和虚拟仪器技术,PCB 设计工程师和电子学教育工作者可以完成从理论到原理图捕获与仿真再到原型设计和测试这样一个完整的综合设计流程。本书后续章节主要采用 Multisim 仿真软件对电力电子技术内容进行仿真分析。

2. MATLAB/Simulink 仿真软件

MATLAB 是一种科学计算软件,即"矩阵实验室"(Matrix Laboratory)单词前三位的缩写,是一种以矩阵为基础的交互式程序计算语言。Simulink 系统的仿真环境是在 MATLAB 自带的工具箱(Toolbox)基础上拓展和开发的,包括 Simulink 仿真平台和系统仿真模型库两部分。

3. Pspice 仿真软件

Pspice 软件具有强大的电路图绘制功能、电路模拟仿真功能、图形后处理功能和元器件符号制作功能,以图形方式输入,自动进行电路检查,生成图表,模拟和计算电路。它的用途非常广泛,不仅可以用于电路分析和优化设计,还可用于电子线路、电路和信号与系统等课程的计算机辅助教学。在电路系统仿真方面,Pspice 是一个多功能的电路模拟试验平台,由于收敛性好,适于做系统及电路级仿真,具有快速、准确的仿真能力。这些特点使得 Pspice 受到广大电子设计工作者、科研人员和高校师生的喜爱,国内许多高校已将其列入电子类本科生和硕士生的辅修课程。

第 2 章

电力电子器件

在系统地学习电力电子电路之前,掌握电力电子器件的特性尤为重要。经过了多年的飞速发展,电力电子器件的门类众多,精度不断提升,功能也更加广泛。通过本章的学习,将了解电力电子器件的分类、功能、特性以及实际应用中需要注意的典型问题。

2.1 电力电子器件概述

2.1.1 电力电子器件的概念

电力电子器件(Power Electronic Device)又称为电力半导体器件,主要用于电力设备的电能变换与控制,其通过电流通常为数十至数千安,而电压为数百伏以上。由于电力电子器件能够承担较高的工作电压和较大的电流,且一般工作在开关状态下,所以一般作为变流电路中的开关,负责控制电路的工作状态。在实际的电路中,电力电子器件往往作为主电路的一部分,与控制电路、检测电路和驱动电路一起,构成如图 2.1 所示的电力电子系统。

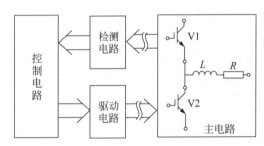

图 2.1　电力电子系统组成结构

2.1.2 电力电子器件的分类

根据电力电子器件能够被控制电路信号所控制的程度,可以将电力电子器件分为不可控型、半控型和全控型三类。

1. 不可控型器件

不可控器件是指无法用外部的控制信号来控制其通断状态的电力电子器件。代表性的不可控型器件是电力二极管。由于这种器件只有阴极和阳极两个端子,并不需要外接驱动电路或控制电路,所以器件的通断状态完全由所在电路中电压、电流的大小和方向决定。一般情况下,施加超过一定大小的正向电压时器件导通,施加反向电压时器件关断。

2. 半控型器件

半控型器件是指可以通过外部的控制信号或驱动信号使其导通,但无法使其关断的电力电子器件,代表性的半控型器件是晶闸管及其大部分派生器件。在满足器件两端外接电压为正的情况下,给半控型器件门极施加合适的触发信号可以使器件导通,但是无法使其关断,只能通过调节外部电路的电压和电流使器件关断。

3. 全控型器件

全控型器件是指导通和关断情况皆可由控制信号控制的电力电子器件,是目前发展最快、应用最广泛的器件,也称为自关断器件。代表性的全控型器件是绝缘栅双极晶体管和电力场效应晶体管。

除此以外,电力电子器件根据参与导电的载流子,可分为单极型器件、双极型器件和复合型器件;根据施加在电力电子器件控制端和公共端的控制信号的种类,可分为电流驱动型器件和电压驱动型器件;根据驱动电路加在电力电子器件控制端和公共端之间有效信号的波形,可分为脉冲触发型和电平控制型,等等。本章接下来针对不可控型器件、半控型器件和全控型器件,依次详细讲解电力电子器件的工作原理和使用特性。

2.2 电力二极管

电力二极管(Power Diode)自问世以来,凭借其结构简单、工作可靠的性能特点,一直都是不可控型器件的代表,至今仍被广泛应用在各种电气设备中。

2.2.1 基本结构与工作原理

电力二极管的基本结构与信息电子电路中的二极管一样,由一个面积较大的 PN 结、两端引线以及封装组成,具有单向导电性。内部结构与符号如图 2.2 所示,其两端分别

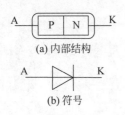

(a) 内部结构

(b) 符号

图 2.2 电力二极管的内部
结构与符号

为 P 型(Positive)半导体与 N 型(Negative)半导体,P 型半导体引出线为阳极 A,N 型半导体引出线为阴极 K。按材料不同,电力二极管可以分为硅二极管和锗二极管;按结构不同,又可以分为点接触型、面接触型和平面型二极管。

PN 结的 P 区和 N 区都由空穴和电子以及不能自由移动的空间电荷构成,其内部结构如图 2.3 所示。P 区的多数载流子(多子)为空穴,少数载流子(少子)为自由电子。与之相对应的 N 区的多子为自由电子,少子为空穴。在它们的交界面形成的载流子的浓度差,使得 P 区多子向 N 区扩散,留下了携带负电且不能自由移动的负电杂质离子(负离子);同时,N 区多子向 P 区扩散,留下了携带正电且不能自由移动的正电杂质离子(正离子)。将空穴移动方向,即自由电子移动的反方向定义为电流方向。这些正电、负电杂质离子在交界面的两侧形成了**空间电荷区**,这是一个由 N 区指向 P 区的电场,也称为 PN 结的内电场或自建电场。由于 PN 结的空间电荷区基本已经没有了载流子,所以空间电荷区又称为耗尽层。在形成空间电荷区的过程中,多子的运动

称为**扩散运动**,引发的电流称为扩散电流,扩散电流的大小与多子在 P 区和 N 区的浓度差(也称为浓度梯度)有关,浓度梯度越高,扩散电流越大。

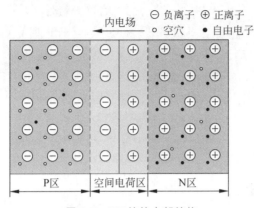

图 2.3 PN 结的内部结构

随着空间电荷区的建立,内电场将阻碍多子的扩散运动,也促进了各区的少子向对区漂移。各区的少子一旦靠近内电场就会立即被拉入内电场发生移动,这种少子在内电场的作用下形成的运动称为**漂移运动**,产生的电流称为漂移电流。漂移电流的大小与电场强度有关,电场强度越高,漂移电流越大。事实上,漂移运动也会削弱内部电场强度。当扩散运动与漂移运动呈现动态平衡时,内电场的宽度和电位才能稳定下来,使 PN 结处于相对的稳定状态。

当外加电压的正端接 P 区,负端接 N 区时,外加电场的方向与 PN 结的内电场方向相反,空间电荷区变窄,削弱后的内电场将降低少子的漂移运动,使得多子的扩散运动大于少子的漂移运动,此时 P 区的空穴向 N 区流动,N 的自由电子向 P 区流动,因而形成自 P 区流入、N 区流出的电流,这就是正向电流。当外加电压增高时,内电场将进一步被削弱,扩散电流加大,这就是 PN 结的**正向导通状态**。需要指出的是,当外加电压大小不足以抵消内电场电压(也称为门槛电压)时,PN 结无法导通。

当外加电压的正端接 N 区,负端接 P 区时,外加电场的方向与 PN 结的内电场相同,空间电荷区变宽,增强后的内电场将加快少子的漂移运动,使得少子的漂移运动大于多子的扩散运动,形成漂移电流,在外电场上形成由 N 区流入、P 区流出的反向电流。考虑到少子数量有限,因此少子漂移运动形成的漂移电流将会很快上升至一个很小的恒定值,该电流称为反向饱和电流。由于该电流为微安级,所以反向偏置的 PN 结对外表现为高阻态,该状态称为**反向截止状态**。PN 结具有一定的反向耐压能力,然而外加电压持续增大将带来反向电流的急剧增加,使 PN 结脱离反向截止状态,进入**反向击穿状态**。

2.2.2 工作特性

1. 静态特性

二极管的静态特性主要是指**伏安特性**,常见的二极管静态特性曲线如图 2.4 所示,其中,I_F 为二极管的正向电流,U_F 为二极管的正向导通电压,U_{TO} 为门槛电压,U_{RRM} 为二极管的最大反向阻断电压。

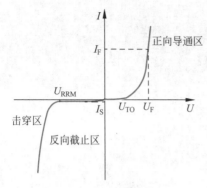

图 2.4 二极管的静态特性

二极管静态特性区域分为正向导通区、反向截止区与击穿区。在正向导通区中包含了一个正向死区,当二极管两端电压超过门槛电压时,正向电流才会明显增加,处于稳定导通状态。在导通状态下,二极管的正向压降很小的变化会引起通过电流较大的变化。换言之,当流经电流在很大范围内变化时,二极管两端电压变化不大。通常情况下,硅管的正向管压降在 0.7V 左右,锗管的正向管压降在 0.2V 左右。

在反向截止区中,二极管只有少子引起的数量微小、大小恒定的反向漏电流(漂移电流),该电流称为二极管的反向饱和电流 I_S,硅二极管的反向饱和电流小于 0.1μA,锗二极管的反向饱和电流一般在几十到几百微安。当反向电压超过最大反向阻断电压 U_{RRM} 时,二极管进入击穿区,通过二极管的电流急剧上升,二极管被反向击穿。刚进入击穿区时二极管的击穿为**电击穿**,如果采用了适当的电路保护措施,PN 结可以恢复原来状态;但如果反向电流仍然持续增加,电流超过最大反向饱和电流时,二极管将失去反向阻断能力,最终因为过热而永久性烧坏,即**热击穿**。

2. 动态特性

二极管 PN 结中的电荷量随外加电压而变化,可以视为**结电容**。由于结电容的存在,二极管在零偏置、正向偏置、反向偏置等状态切换时需要经历一个过渡的过程。把二极

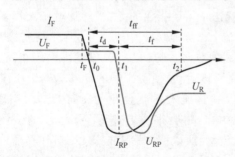

图 2.5 二极管由正向导通变为反向截止的
动态过程

管电压-电流随时间变化的曲线,称为二极管的**动态特性**。图 2.5 展示了处于正向导通状态的电力二极管在外加反向电压的作用下转变为反向截止状态的动态特性曲线,其中黑色线表示电流变化,蓝色线表示电压变化。

从 t_F 时刻开始施加反向电压后,在反向电压的作用下,通过电力二极管的电流由 I_F 开始逐渐下降,下降速率由外加反向电压的大小和外电路的电感决定。在此阶段,由于电路中存在电导调制效应,管压降变化不大。至 t_0 时刻

电流降为 0 时,由于电力二极管仍处于正向导通状态,PN 结聚集在空间电荷区的大量少子在外加反向电压的作用下被抽出二极管,电路中会产生较大的反向电流;当空间电荷区的少子被抽尽时,管压降极性由正转负,并开始抽取距离空间电荷区更远的少子,使得管压降反向不断增大。直至 t_1 时刻,空间电荷区的少子被抽尽,反向电流达到最大值

I_{RP}。之后,电力二极管开始恢复反向阻断能力,距离空间电荷区较远的少子开始被抽离,与之对应的反冲电流开始减小,管压降在达到反向电压过冲 U_{RP} 后迅速下降,直至恢复至外加反向电压大小。当电流变化率逐渐降至 0 时,电力二极管对反向电压的阻断能力才完全恢复。图 2.5 中,t_d 称为电力二极管的延迟时间,t_f 称为电流下降时间,两者之和为电力二极管的反向恢复时间。

2.2.3　主要参数

1. 额定电压

电力二极管的额定电压取决于峰值电压的大小。峰值电压是电力电子器件在电路中承受的最高电压,重复峰值电压是可以反复施加在器件两端且器件不会因击穿而损坏的最高电压。考虑到电力二极管在较高的正向电压下是导通的,因此实际工程中,采用反向重复峰值电压来衡量二极管承受最高电压的能力。电力二极管的最高反向重复峰值电压是指能够反复施加在二极管上,二极管不会被击穿的电压 U_{RRM},其值一般是击穿电压的 2/3。使用时,往往按照电路中电力二极管可能承受的反向峰值电压的 2 倍作为二极管的额定电压。

2. 额定电流

又称正向平均电流 $I_{F(AV)}$,是指电力二极管长期运行时,在指定的管壳温度和散热条件下,其允许流过的最大工频正弦半波电流的平均值。但在实际情况中,流经电力二极管的电流不一定是正弦半波,也可以是矩形波或者是其他波形的电流。因此选取电力二极管电流定额就需要将实际通过二极管电流的有效值 I_T 折算为正弦半波电流的平均值,利用工作中实际波形的电流与电力二极管允许的最大正弦半波电流在流经电力二极管时产生的发热效应相等的原则,即两个波形电流有效值相等的原则进行选取。

对于幅值 I_m 的正弦半波电流而言,通过二极管正弦半波电流的平均值为

$$I_{F(AV)} = \frac{1}{2\pi}\int_0^\pi I_m \sin\omega t \, d(\omega t) = \frac{I_m}{\pi} \tag{2.1}$$

正弦半波电流的有效值为

$$I_T = \sqrt{\frac{1}{2\pi}\int_0^\pi (I_m \sin\omega t)^2 \, d(\omega t)} = \frac{I_m}{2} \tag{2.2}$$

根据式(2.1)和式(2.2),可以得到正弦半波电流有效值与平均值关系:

$$I_{F(AV)} = \frac{I_T}{1.57} \tag{2.3}$$

选取电力二极管的电流定额时,在正弦半波电流平均值的基础上往往需要考虑一定的安全裕量,一般为计算结果的 1.5～2 倍。

例 2-1　对于额定电流为 100A 的电力二极管,如果不考虑安全裕量,当流过二极管的电流波形为图 2.6 中阴影部分所示时,电流的平均值和最大值各为多少?

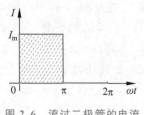

图 2.6　流过二极管的电流波形图

解：对于给定的矩形波，其电流的平均值为

$$I_{F(AV)} = \frac{1}{2\pi}\int_0^\pi I_m \, d(\omega t) = \frac{I_m}{2}$$

电流的有效值为

$$I_T = \sqrt{\frac{1}{2\pi}\int_0^\pi I_m^2 \, d(\omega t)} = \frac{I_m}{\sqrt{2}}$$

考虑到额定电流 100A 的电力二极管允许流过的电流有效值为 157A，根据发热效应相等的原则代入 $I_T = 157A$，可得

$$I_m = \sqrt{2}\, I_T = 222A$$

从而得到电流的平均值为

$$I_{F(AV)} = \frac{I_m}{2} = 111A$$

3. 最高工作结温

电力二极管 PN 结的平均温度 T_J 称为结温。最高工作结温 T_{JM} 是指在 PN 结不损坏的前提下，电力二极管所能承受的最高平均温度，通常为 125～175℃。

4. 浪涌电流

指电力二极管所能承受的最大的连续一个或几个工频周期的过电流 I_{FSM}。

2.3　晶闸管

晶闸管（Thyristor）又名可控硅整流器，是一种大功率开关型半导体器件。晶闸管具有硅整流器件的特性，能在高电压、大电流条件下工作，且其工作过程可以控制，被广泛应用于可控整流、交流调压、无触点电子开关、逆变及变频等电子电路中。

2.3.1　三极管

在正式介绍晶闸管之前，简单回顾一下在模拟电子技术中接触过的三极管。三极管（Audion）又名晶体管，从材料上来说可以分为硅管和锗管，对电流有放大作用，符号如图 2.7 所示。从结构上来说，三极管可以看成是两只二极管相接而成。当两只二极管共阳极连接时，构成了 NPN 型三极管的基本结构；当两只二极管共阴极连接时，构成了 PNP 型三极管的基本结构。两个 PN 结相连接的引脚引出后就是三极管的基极 B，其余两个引脚分别为集电极 C 与发射极 E。在共发射极接法下，三极管各引脚电流之间的相互关系为

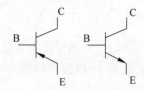

图 2.7　PNP 型与 NPN 型三极管

$$I_C \approx \beta I_B \tag{2.4}$$

$$I_E \approx (1+\beta) I_B \tag{2.5}$$

其中,β 是三极管的电流放大系数,一般为几十至上百。

2.3.2 基本结构与工作原理

晶闸管的符号如图 2.8 所示。从图中可以看到,晶闸管内部由四层半导体结构 P_1、N_1、P_2、N_2 组成,外部引出三个引脚分别是阳极 A、阴极 K、门极 G。四层半导体又形成了三个 PN 结,命名为 J_1、J_2、J_3。若在 N_1、P_2 结构上取一个倾斜的截面,晶闸管如图 2.8(c)所示,被分成两部分,一部分是由 P_1、N_1、P_2 构成的 PNP 型三极管,另一部分是由 N_1、P_2、N_2 构成的 NPN 型三极管。这两只三极管的集电极与基极相互连接,形成了晶闸管的基本结构。

在门极 G 未加控制信号时,由于给晶闸管施加正向电压时,PN 结 J_2 反偏;施加反向电压时,PN 结 J_1、J_3 反偏,所以不论在晶闸管的阳极与阴极之间施加正向或是反向电压,晶闸管都不会导通。在这两种情况下,晶闸管内部都不会通过大电流,仅有极小的漏电流通过。

根据上述原理,可以得到如图 2.9 所示晶闸管的双三极管等效模型。现在分别在晶闸管的阳极与阴极两端、门极与阴极两端施加电源 E_A 和 E_G,E_G 与 V_2 的基极间设置开关 S,相当于门极触发开关。当开关 S 断开时,由于 J_2 反偏,晶闸管并未导通。此时,闭合开关 S,三极管 V_2 获得基极电流 I_G。定义 β_1 和 β_2 分别为三极管 V_1 和 V_2 的电流放大倍数。在三极管的电流放大作用下,集电极获得初始电流 $I_{C2} = \beta_2 I_G$。同时,该电流也作为三极管 V_1 的基极电流,经到三极管 V_1 放大获得集电极电流 $I_{C1} = \beta_1 I_{C2} = \beta_1 \beta_2 I_G$,该电流与电流 I_G 叠加使三极管 V_2 的基极电流上升。由此三极管 V_1、V_2 内部形成正反馈,使三极管 V_1、V_2 迅速饱和,晶闸管由原先的截止状态变为导通状态。

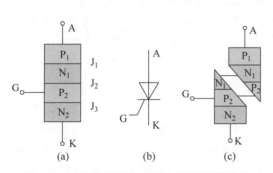

图 2.8 晶闸管的结构、符号与双三极管模型

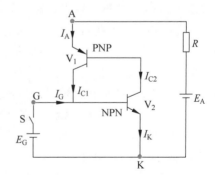

图 2.9 晶闸管的双三极管等效模型

由于该过程为正反馈过程,且 I_{C1} 远大于 I_G,在导通状态下撤去 E_G,此时 I_{C1} 作为 V_2 的基极电流,晶闸管也会在内部强烈的正反馈作用下保持导通,所以 I_G 不需要是连续的;换言之,晶闸管只需要很小的脉冲信号就可以触发。但在晶闸管进入导通状态后,

不论如何改变门极电流信号 I_G 的大小,都无法使晶闸管关断,意味着控制 I_G 可以使晶闸管导通却不能使其关断,所以晶闸管称为半控型器件。

2.3.3 工作特性

1. 静态特性

图 2.10 为晶闸管的阳极伏安特性曲线。在门极电流 $I_G=0$ 时,逐渐增加晶闸管两端电压,晶闸管处于正向截止状态,内部仅存在较小的漏电流。当两端电压增加至超过转折电压,即 $U_{AK}>U_{BO}$ 时,晶闸管被正向击穿,电流 I_A 迅速上升,这就是晶闸管"硬开通"的过程。当开始给门极施加触发信号,晶闸管导通时,其两端电压 $U_{AK}<U_{BO}$,并且若进一步增大门极电流 I_G,会使晶闸管的导通电压 U_{AK} 进一步降低。若门极电流足够大,则仅需要很小的 U_{AK} 就可以实现晶闸管导通。在晶闸管正向导通后,其特性与二极管类似,流经电流 I_A 的大小由外部电路决定。即使 I_A 很大时,晶闸管的压降也较小。

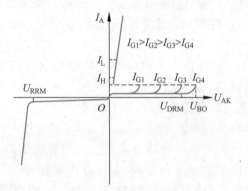

图 2.10　晶闸管的伏安特性

晶闸管在由断态刚转入导通状态并移除触发信号后,需要使电流维持在一个最小值之上,这样才能维持晶闸管的导通状态。这个最小电流值称为晶闸管的**擎住电流** I_L。在导通状态下,晶闸管需要保持导通状态的最小通过电流称为晶闸管的**维持电流** I_H。对于同一晶闸管来说,I_L 通常为 I_H 的 2～4 倍。由于无法通过改变门极驱动电流的状态来改变已导通的晶闸管的状态,所以关断晶闸管的方法为在阴极与阳极两端施加一个反向电压使得通过晶闸管的电流降低至维持电流以下。

晶闸管的反向截止状态与二极管类似,当晶闸管两端施加反向电压时,不论是否存在门极触发电流,晶闸管内部由于 PN 结 J_1、J_3 被反向偏置而不会导通,仅存在较小的漏电流;当反向电压超过最高反向重复峰值电压 U_{RRM} 时,晶闸管会出现反向击穿。

2. 动态特性

图 2.11 是晶闸管导通和关断时的电流特性曲线。由图中可以看出,晶闸管的导通和关断都不是瞬间完成的,需要一个过渡过程。在晶闸管被触发时,阳极电流开始上升。

图中，t_d 为电流上升至稳态电流的 10% 时所用的时间，称为延迟时间；t_r 为电流从稳态电流的 10% 上升至 90% 所用的时间，称为上升时间。晶闸管的导通时间 t_{on} 为延迟时间与上升时间之和。普通晶闸管的导通时间为 $1\sim4\mu s$。

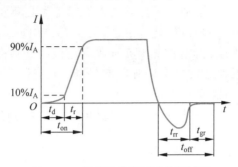

图 2.11 晶闸管的导通和关断过程

晶闸管的导通时间与外电路以及门极电流的大小有着很大的关系。若外电路存在电感，将显著增加晶闸管的上升时间。增加阳极电压与增大门极电流都可以使晶闸管的正反馈过程加速，从而减少晶闸管的导通时间。

由于晶闸管自身的结构，需要对阻断态情况下正向电压的上升率以及导通状态中晶闸管内部电流的上升率做一定的限制。由于在阻断状态下，晶闸管内部的 PN 结 J_2 相当于一个电容。若正向电压上升率很大，则将会产生一个很大的位移电流流过 J_2。该位移电流通过 J_3 时，起到门极电流的作用，可能会使晶闸管误导通。在导通过程中，由于晶闸管的开通过程为正反馈，电流是从门极逐步扩散到整个晶闸管结面的。若电流上升率过大，则会因局部结面过热从而导致晶闸管热损坏。

同样，晶闸管的关断过程也是一个过渡过程，且与本章前面介绍过的二极管的关断过程类似。当晶闸管受反向电压的作用关断时，阳极电流逐步衰减至零，之后 PN 结两侧的少子在反向电压的作用下逐渐恢复，故而产生了较大的反向电流。在反向电流达到最大后，逐步减小直至恢复至零，此时 PN 结 J_1、J_3 完全恢复，即晶闸管恢复反向阻断能力。这段时间就是晶闸管的反向阻断恢复时间 t_{rr}。由于载流子内部恢复过程较慢，在晶闸管恢复反向阻断能力后还需要一定的时间 PN 结 J_2 才能恢复，即晶闸管恢复正向阻断能力，这段时间就称为晶闸管的正向阻断恢复时间 t_{gr}。所以晶闸管的关断时间为正向、反向阻断恢复时间之和，一般为数百微秒。若在正向阻断恢复时间内重新对晶闸管施加正向电压，在没有门极电流存在的情况下晶闸管会误导通。

2.3.4 主要参数

（1）**断态重复峰值电压** U_{DRM}：指在门极断路而结温为额定值时，允许重复加在器件上的正向峰值电压。

（2）**反向重复峰值电压** U_{RRM}：指在门极断路而结温为额定值时，允许重复加在器件上的反向峰值电压。通常取 U_{DRM} 和 U_{RRM} 中较小的一个作为晶闸管的额定电压，同时考虑 2～3 倍的安全裕量,以确保器件的正常使用。

(3) **通态(峰值)电压 U_{TM}**:指晶闸管通以某一规定倍数的额定通态平均电流时的瞬态峰值电压。

(4) **通态平均电流 $I_{T(AV)}$**:通态平均电流也被标定为晶闸管的额定电流,是晶闸管在环境温度为 40℃ 和规定的冷却状态下,稳定结温不超过额定结温时所允许流过的最大工频正弦半波电流的平均值。类似二极管正向平均电流的计算,晶闸管的通态平均电流也是按照正向电流带来的发热效应与晶闸管允许的最大正弦半波电流带来的发热效应相等的原则来求取的,同时需要考虑 1.5～2 倍的安全裕量。

(5) **浪涌电流 I_{TSM}**:指由于电路异常情况引起的并使结温超过额定结温的不重复性最大正向过载电流。

(6) **断态电压临界上升率 du/dt**:指在额定结温和门极开路的情况下,不会导致晶闸管从断态到通态转换的外加电压最大上升率。

(7) **通态电流临界上升率 di/dt**:指在规定条件下,晶闸管能承受而无有害影响的最大通态电流上升率。

2.3.5 晶闸管的派生器件

1. 快速晶闸管

快速晶闸管一般用于较高频率的整流、逆变和斩波电路中,工作频率一般在 400Hz 以上。视电流容量的大小,导通时间为 4～8μs,关断时间为 10～60μs。由于快速晶闸管工作频率较高,其开关损耗的发热效应较为明显,额定电压和额定电流也要比普通晶闸管低。

2. 双向晶闸管

如图 2.12 所示,双向晶闸管可以看作由两只普通晶闸管反并联连接构成,拥有两个主极 T_1、T_2 和一个门极 G。其工作特点为无论外接正向和反向电压,皆可由门极信号控制导通,且门极信号可为正也可为负,故双向晶闸管一共有四种导通方式。由于灵敏度不同,故常用负脉冲门极电流触发的两种触发方式。双向晶闸管由于常用于交流调压电路和交流电动机的调速电路中,故不用电流平均值而用电流有效值来表示其额定电流。

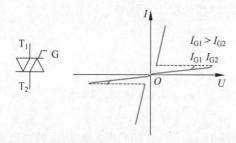

图 2.12 双向晶闸管的符号与伏安特性曲线

3. 光控晶闸管

光控晶闸管是一种用一定波长的光信号代替电信号触发的晶闸管,其符号与伏安特性曲线如图2.13所示。小功率的光控晶闸管没有门极,只有阳极和阴极两端,光源通过芯片上的透明窗口触发管子的导通;而大功率光控晶闸管除阳极和阴极之外,还带有光缆,光缆上装有发光二极管或半导体激光器作为触发光源。光源一般采用波长在 $0.8\sim$ $0.9\mu m$ 的红外线或 $1\mu m$ 左右的激光。光控晶闸管的优点在于既保证了主电路与控制电路之间的电气绝缘,又有更好的抗电磁干扰能力。

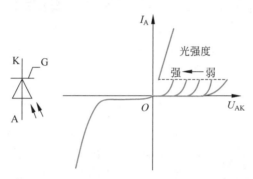

图 2.13 光控晶闸管的符号与伏安特性曲线

2.4 典型的全控型器件

2.4.1 门极可关断晶闸管

门极可关断晶闸管(Gate-Turn-Off Thyristor,GTO)是晶闸管的一种衍生器件。由于其可以通过给门极施加负脉冲电流使器件关断,所以门极可关断晶闸管是一种典型的全控型器件。

1. 基本结构与工作原理

GTO 的符号如图 2.14 所示,与普通晶闸管不同的是,GTO 的门极符号上有一个"+",表明 GTO 是可通过门极关断的。GTO 是一种多元的功率集成器件,内部集成了数十个至上百个共阳极小 GTO 元,并且这些 GTO 元的阴极和门极并联连接以实现 GTO 的关断。

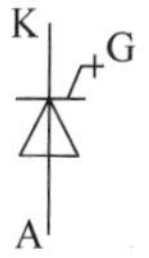

图 2.14 GTO 的符号

GTO 的工作原理可以采用图 2.9 所示的晶闸管双三极管模型来说明,区别在于 GTO 的第二只三极管共基极电流增益设置较大,易于 GTO 的关断,且导通时两只三极管的电流增益之和接近 1,更容易接近临界饱和状态。

总体而言,GTO 的导通过程与晶闸管大致相同。在关断过程中,向门极施加负脉冲电流,于是三极管 V_2 的基极电流被抽出,与之对应的 V_2 的集电极电流 I_{C2} 和阴极电流 I_K 也减小,从而导致三极管 V_1 的集电极电流 I_{C1} 减小。GTO 内部形成与开通过程类似的正反馈,不同的是使 GTO 的电流逐渐减小,直至器件退出饱和状态而关断。从关断过程可以看到,在门极施加的负脉冲电流越大,三极管 V_2 的基极电流就被抽离得越快,GTO 的关断速度也就快。此外,GTO 一般还与整流二极管反并联组成逆导型 GTO,逆导型 GTO 在工作时需要承受反向电压,所以需要注意串联电力二极管。

2. 主要参数

(1) **最大可关断阳极电流** I_{ATO}:指 GTO 处于导通状态下可被正常关断的最大阳极电流,也视作 GTO 的额定电流。

(2) **电流关断增益** β_{off}:指最大可关断阳极电流与门极负脉冲电流最大值 I_{GM} 的比值,即

$$\beta_{off} = \frac{I_{ATO}}{I_{GM}} \tag{2.6}$$

电流关断增益是 GTO 的一个重要指标。一般 GTO 的电流关断增益 β_{off} 都比较小,只有 5~10,这就意味着在大电流的工作状态下,对于门极电流的驱动电路就提出了很高的要求。

2.4.2 电力晶体管

电力晶体管(Giant Transistor,GTR)是一种耐高电压,在大电流状态下工作的双极结型晶体管(Bipolar Junction Transistor,BJT),所以也称为 Power BJT。

1. 基本结构

GTR 的工作原理与一般的双极结型晶体管相似,所以符号上直接采用了三极管的符号,如图 2.15 所示。GTR 是由三层半导体组成的,内部形成了两个 PN 结,且多采用 NPN 结构。与小功率晶体管相比,GTR 的电流放大系数要小得多,通常为 10 左右。所以为了提升电流增益,GTR 内部往往采用如图 2.15 所示的达林顿结构,从而显著提高电流放大倍数。

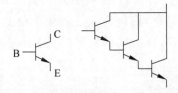

图 2.15 电力晶体管的符号与达林顿结构

2. 工作原理

图 2.16 为 GTR 在共发射极接法下的输出特性曲线,与三极管的静态特性曲线类似,GTR 的输出特性分为放大区、饱和区与截止区。在放大区,发射极正向偏置,集电极反向偏置,此时流经集电极的电流 I_B 和基极的电流 I_C 具有比例关系。在饱和区,发射极和集电极都正向偏置。在截止区,$U_{BE} < 0.7V$,发射极和集电极都反向偏置,发射极不导通,无放大作用。可见,GTR 主要工作在开通、导通、关断和阻断四个开关状态。其中,导通和阻断是两种稳定工作状态,即在饱和区与截止区,一般要求导通时的管压降接近于零,关断时流过 GTR 的电流接近于零。开通和关断表示由断到通、由通到断的动态工作过程,要经过放大区,为了使 GTO 的工作接近理想的开关状态,这个过程要求快速完成。

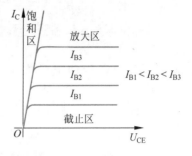

图 2.16 GTR 的输出特性曲线

GTR 一个完整的开通和关断过程中基极和集电极电流如图 2.17 所示。与晶闸管类似,GTR 的开通时间 t_{on} 由延迟时间 t_d 和上升时间 t_r 组成,通过增大基极驱动电流 I_B 的幅值并增大电流上升率,可以减少 GTR 的开通时间;GTR 的关断时间 t_{off} 由储存时间 t_s 和下降时间 t_f 组成,减小导通时的饱和深度或增大基极抽取负电流的幅值和负偏压可以加快关断的速度。

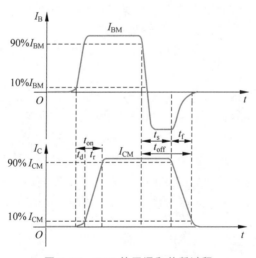

图 2.17 GTR 的开通和关断过程

3. 主要参数

(1) 最高工作电压:指 GTR 正常工作时可以加在管子上的最大电压。在不同的外电路接法下,GTR 有着不同的击穿电压,例如,发射极开路时集电极与基极之间的反向

击穿电压 BU_{cbo}，基极开路时集电极与发射极之间的击穿电压 BU_{ceo}。在 GTR 的实际应用中，BU_{ceo} 为最小的击穿电压值，所以为了确保安全，最高工作电压一般比 BU_{ceo} 还要低很多。

（2）集电极最大允许电流 I_{CM}：指直流电流放大系数 h_{FE} 下降到规定值的 $1/3\sim1/2$ 时所对应的集电极电流。

（3）集电极最大耗散功率 P_{CM}：指在最高工作温度下允许的耗散功率。

2.4.3 电力场效应晶体管

电力场效应晶体管(Power Metal Oxide Semiconductor Field Effect Transistor，电力 MOSFET)是一种大功率的场效应晶体管，主要可以分为结型场效应管和绝缘栅型场效应管两类。本节主要介绍绝缘栅型场效应管，以下简称为 MOS 管。

1. 基本结构与工作原理

MOS 管的符号如图 2.18 所示。MOS 管有三个引脚，分别为源极 S、栅极 G 与漏极

图 2.18　MOS 管的符号
（N 沟道）

D。按照导电沟道的种类，MOS 管可以分为载流子为空穴的 P 沟道和载流子为电子的 N 沟道。按照导电沟道的存在状态来分类，MOS 管可以分为耗尽型和增强型。当栅极电压为 0 时漏源极间存在导电沟道的 MOS 管称为耗尽型 MOS 管；而增强型则是在栅极电压不为 0 时才存在导电沟道的，对于 N 沟道来说，栅极电压大于 0 才存在导电沟道的称为增强型，对于 P 沟道则相反。电力场效应晶体管以 N 沟道增强型为主。

图 2.19 为一个 N 沟道增强型 MOS 管的内部结构图。它的底部由低掺杂的 P 型材料构成，顶部由两块高掺杂的 N 型材料制成，两块 N 型区分别引出了源极和漏极，这样就和衬底一起构成了两个 PN 结。顶部采用绝缘材料 SiO_2 将栅极 G 与源极 S、漏极 D 之间分隔开，所以称为绝缘栅极。当栅极上无正向电压时，在漏极 D 和源极 S 之间加正向电压 U_{DS}，由于 P 区与源极的 N 区之间形成的 PN 结反偏，MOS 管不导通。此时在栅极上施加正向电压 U_{GS}，由于绝缘层 SiO_2 不导电，P 型材料的多子为空穴，在绝缘层内的

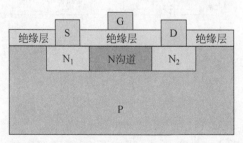

图 2.19　N 沟道增强型 MOS 管的内部结构图

下方会聚集大量的源于 P 型材料的电子。当 U_{GS} 高于某一特定值后，P 区的自由电子浓度将会超过空穴的浓度，从而在 P 区中形成了如图中阴影所示的 N 沟道。该沟道使源极与漏极导通，对应的栅极电压就是 MOS 管的开启电压 U_T。U_{GS} 高出 U_T 越多，形成的导电沟道就越宽，MOS 的导电能力就越强，漏极电流 I_D 就越大，此时 MOS 管导通。

2. 工作特性

当漏源极电压 U_{DS} 为常数时，漏极电流 I_D 与栅源极电压 U_{GS} 之间的关系曲线，也称为 MOS 管的**转移特性曲线**，如图 2.20(a)所示。不难看出，当 U_{GS} 大于开启电压 U_T 时，U_{GS} 与 I_D 之间的关系大致呈线性关系，此时曲线的斜率称为 MOS 管的跨导。

图 2.20(b)为 MOS 管漏源极电压 U_{DS} 与漏极电流 I_D 之间的关系曲线，该曲线也称为 MOS 管的**输出特性曲线**。由图可知，MOS 管的输出特性曲线由非饱和区、饱和区、截止区与击穿区组成。当 U_{GS} 低于开启电压 U_T 时，无论 U_{DS} 如何变化，MOS 管都不会导通，因此 I_D 也恒为 0，此时 MOS 管处于截止区。随着 U_{GS} 的上升，MOS 管也逐渐离开截止区。在 U_{DS} 较小时，MOS 管处于非饱和区，I_D 与 U_{DS} 几乎呈线性关系。

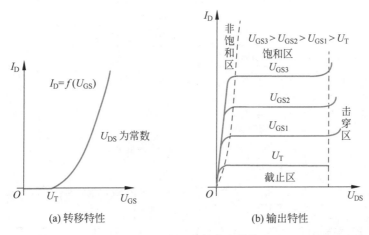

(a) 转移特性　　　　　(b) 输出特性

图 2.20　MOS 管的静态特性

随着 U_{DS} 的继续上升，由于 MOS 管内部导电沟道宽度有限并不会无限拓宽，所以 I_D 恒定，MOS 管工作在饱和区，此时导电沟道中会出现空间电荷区，漏极电流 I_D 从漏极流经源极时需要克服这段空间电荷区，MOS 管对外呈放大状态。伴随着 U_{DS} 继续上升，空间电荷区继续扩张，会逐渐挤占原先的导电 N 沟道，直到 N 沟道被挤占完毕，而 U_{DS} 继续上升，MOS 管将会被雪崩击坏，此时 MOS 管工作在击穿区。

作为多数载流子器件，MOS 管的开通和关断速度非常快，且只与输入电容的充放电有关。MOS 管的开通和关断过程如图 2.21 所示。MOS 管的开通时间为开通延迟时间 $t_{d(on)}$、电流上升时间 t_{ri}、电压下降时间 t_{fv} 之和。随着正向脉冲电压 U_P 到来，输入电容开始充电，栅极电压 U_{GS} 开始上升，至 $U_{GS}=U_T$ 时出现漏极电流 I_D，这段时间为 MOS 管的开通延迟时间 $t_{d(on)}$。之后，随着 U_{GS} 的上升，I_D 由 0 逐渐达到稳定值，这段时间为

电流上升时间 t_{ri}。漏源极电压 U_{DS} 下降至 0 的时间为电压下降时间 t_{fv}。MOS 管的关断时间与开通时间组成相似,由关断延迟时间 $t_{d(off)}$、电压上升时间 t_{rv}、电流下降时间 t_{fi} 组成。在 MOS 管的开关过程中需要对输入电容充放电,所以对驱动功率有一定的要求,所要求的开关频率越高,需要的驱动功率就越大。

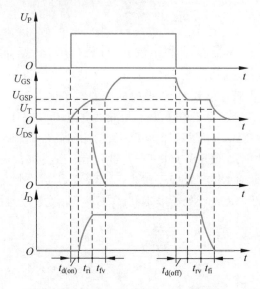

图 2.21　MOS 管的开通和关断过程

3. 主要参数

(1) 通态电阻 R_{on}:指在栅极电压 U_{GS} 确定时,MOS 管从非饱和区进入饱和区时漏极与源极之间的等效电阻。

(2) 漏极击穿电压 U_{DS}:指避免器件进入击穿区的最高极限电压,是 MOS 管的额定电压。

(3) 漏极连续电流 I_D 和漏极峰值电流 I_{DM}:MOS 管的电流额定值和极限值。

(4) 极间电容:包括栅极电容 C_{GS}、栅漏电容 C_{GD}、漏源电容 C_{DS}。

(5) 开关时间:包括开通时间 t_{on} 和关断时间 t_{off},两者都在数十纳秒。

2.4.4　绝缘栅双极型晶体管

绝缘栅双极型晶体管(Insulated Gate Bipolar Transistor,IGBT)是一种新型复合器件,既有 MOS 管开关速度快、输入阻抗高、热稳定性好的优点,又有 GTR 电压电流容量大的优点。目前在应用领域中已经很好地替代了 GTR 与 GTO 的市场,成为中、大功率电力电子设备的主导器件。

1. 基本结构与工作原理

IGBT 的符号和等效电路如图 2.22 所示,它具有门极 G、集电极 C 与发射极 E 三个引脚,内部结构可以等效为一只 MOS 管与 PNP 双极型晶体管 V_1 组成的达林顿结构和一只寄生 NPN 晶体管 V_2,相当于一只 MOS 管驱动的厚基区 PNP 型晶体管。其中,R_N 为厚基区晶体管基区内的调制电阻。当 U_{GE} 为 0 时,MOS 管关断,V_1 基极无电流通过,V_1 截止,IGBT 关断。当 U_{GE} 施加大于 MOS 管开启电压 U_{TO} 的正向电压时,MOS 管导通,为晶体管 V_1 提供基极电流使其导通从而实现 IGBT 导通。当撤去 MOS 管的门极电压或施加反向电压时,MOS 管关断,维持晶体管导通的基极电流消失,晶体管也同样关断,从而实现 IGBT 的关断。

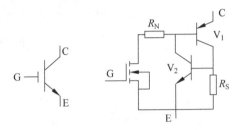

图 2.22 N 沟道 IGBT 的符号和等效电路图

寄生晶体管 V_2 的存在,导致 IGBT 会存在异于其他器件的擎住效应。当 IGBT 截止和正常导通时,电阻 R_S 上的压降很小,导致 V_2 因基极电流很小而不导通。但是当集电极电流 I_C 很大时,R_S 上的压降就会很大,V_2 在基极有大电流的情况下会导通,从而 IGBT 内部就会形成类似晶闸管的结构。此时门极的控制将无法使 IGBT 关断,这个情况就称为 IGBT 的擎住效应。此外,集电极电压过高、V_1 管漏电流过大、前级 MOS 管的关断速度过快都会导致擎住效应,这是需要在设计电路时避免的。

2. 工作特性

与 MOS 管类似,IGBT 的静态特性分为转移特性与输出特性两部分,转移特性如图 2.23(a)所示。图 2.23(b)为 IGBT 的输出特性,与 GTR 的饱和区、放大区和截止区类似,相对应地分为饱和区、有源区与正向阻断区。在电力电子电路中,IGBT 稳态时主要工作在导通和关断状态,即饱和区和有源区。因为在有源区工作时器件的功耗会很大,所以通常需要避免工作在有源区。

图 2.24 为 IGBT 的开关过程中门极驱动电压、集电极电流与集射极电压的波形。该过程中 IGBT 的大多数运行时间是以 MOS 管的形式运行的,所以电压电流波形与 MOS 管一致。开通过程中,IGBT 的导通时间由延迟时间与上升时间组成,其中,延迟时间 t_d 是指从门极电压 U_{GE} 达到其幅值的 10% 至集电极电流 I_C 达到其幅值的 10% 的时间,上升时间 t_r 是指集电极电流由其幅值的 10% 上升至 90% 所耗费的时间,所以导通时间 $t_{on} = t_d + t_{ri}$。在集电极电流达到其幅值的 90% 后,集射极电压开始下降,意味着 IGBT 开始导通。这段时间可以分成两段。第一段为 t_{fv1} 内,IGBT 内部 MOS 管单独工作,所以电压下降较快。由于 U_{CE} 的下降导致了 MOS 管的栅漏电容增加,同时 PNP 管从放大状态转入饱和状态也需要一个过程,所以 t_{fv2} 时间段内 U_{CE} 的下降过程变慢。在 t_{fv2} 时间段

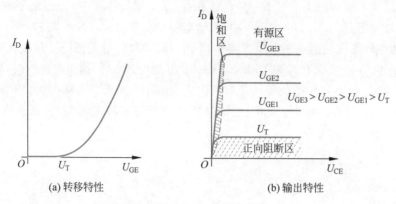

(a) 转移特性　　　　　　(b) 输出特性

图 2.23　IGBT 的静态特性

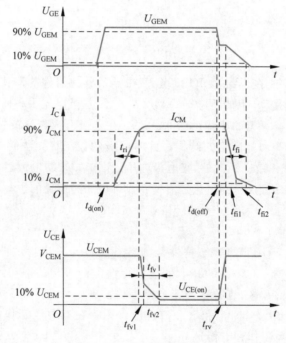

图 2.24　IGBT 的开关过程

结束时,IGBT 完成导通。

　　IGBT 关断过程也分多个部分。从门极电压下降至其幅值的 90% 开始,到集射极电压上升至其幅值的 10% 的时间 t_d,为 IGBT 关断时的延迟时间。随后 U_{CE} 开始上升,直至上升到 U_{CEM} 的这段时间为上升时间 t_{rv}。待 U_{CE} 复原后,IGBT 的漏电流开始下降,下降时间为 t_{fi},t_{fi} 也可以分为 t_{fi1} 和 t_{fi2} 两部分。t_{fi1} 阶段对应的是 IGBT 内部 MOS 管的关断过程,速度较快;t_{fi2} 阶段对应 MOS 管关断完成后,PNP 晶体管的状态转换过程。由于 MOS 的关断已经完成且 IGBT 外部没有承担反压,所以 PNP 管的状态转换过程较慢。当集电极电流下降至 10% 时,意味着 IGBT 的关断完成,所以 IGBT 的关断

时间 $t_{off} = t_d + t_{rv} + t_{fi}$。根据 t_{fi2} 阶段 IGBT 的恢复速度，不难看出 IGBT 的关断时间是长于 MOS 管的。

3. 主要参数

(1) 最大集射极间电压 U_{CEM}：这是 IGBT 的额定电压，是由器件内部的 PNP 型晶体管所能承受的击穿电压决定的。

(2) 最大集电极电流：包括额定直流电流 I_C 和 1ms 脉宽的最大电流 I_{CP}。

(3) 最大集电极功耗 P_{CM}：指在正常工作温度下允许的最大耗散功率。

2.5　电力电子器件的串并联

尽管随着电力电子技术的发展，电力电子器件的容量越来越大，但还是有很多情况下，电路的实际电压和电流超过了单个电力电子器件的容量上限，这时一般采用器件之间的串联和并联来分担电路中各个器件承担的电压和电流。在串并联的电路中，会尽可能采用相同型号、性能一致的电力电子器件以达到理想的效果。但是由于制作工艺的微小差异，要做到两个器件完全一样几乎是不可能的。并联电路中，往往会出现由于电流不相等从而击穿额定电流较小的器件，随后全部电流涌入并击穿另一个器件，所以在并联电路中需要考虑均流的问题。同样，串联的电路中需要考虑均压的问题，否则受压过大的器件容易烧坏。本节以晶闸管为例分析电力电子器件的均压和均流问题。

2.5.1　串联晶闸管的均压

在晶闸管的串联电路中，导致各只晶闸管上的电压分配不均的原因主要有：①各只晶闸管的静态特性与参数不同；②各只晶闸管开通时间不同；③反向恢复时间存在偏差以及触发脉冲性能参数不同。针对以上问题，串联晶闸管的均压采用静态均压和动态均压。

1. 静态均压

如图 2.25 所示，尽管流过串联晶闸管 V_1 和 V_2 的电流总是相等的，但由于两只晶闸管的静态特性曲线存在一些差异，即使在相等电流的情况下，两只晶闸管承受的电压仍有不同。静态均压是为了解决因器件静态特性不同而造成的分压不相等的问题。具体的操作是采用参数特性尽量一致的晶闸管，在晶闸管两端并联一个均压电阻 R_P。R_P 的阻值应比晶闸管阻断时的漏电阻小得多，这样每只晶闸管承受的电压取决于均压电阻的分压；同时，R_P 的阻值不能过小，否则 R_P 上的功率损耗很大，会影响电路

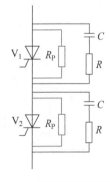

图 2.25　串联晶闸管的均压

的正常工作。

2. 动态均压

由于各个晶闸管的动态特性不相同,无法保证它们同时导通与关断。动态均压是为了解决因器件动态特性指标(例如开通、关断时间)差异而造成的分压不相等的问题。在选用动态参数和特性尽可能一致的器件的前提下,通常在晶闸管的两端并联 RC 支路作为动态均压,如图 2.25 所示。由于电容两端的电压不能突变,可以转移关断和开通期间晶闸管上的电压,使串联晶闸管的电压变化速率基本一致。

2.5.2 并联晶闸管的均流

晶闸管在并联的过程中会存在电流分配不均的问题,主要原因在于晶闸管之间存在正向峰值差异、各支路之间存在互感以及器件开通时间的差异。

1. 静态均流

从静态特性看,由于晶闸管的正向特性不一致,在并联使用情况下,正向压降小的晶闸管必然承受大电流,正向压降大的晶闸管必然承受小电流。在并联晶闸管电路中,为了使导通状态下各晶闸管之间的动态电流基本均衡,首先选用参数相近的器件,并且在每一端的晶闸管上串联电阻,相当于加大内阻使特性倾斜,从而解决因静态管压降不同导致的电流不平衡的问题,如图 2.26(a)所示。当然,串入电阻 R 不宜太大,否则损耗将增加,以在额定电流时有 0.5V 压降较适宜。

2. 动态均流

从动态特性看,由于晶闸管开通时间不同,在并联使用情况下,开通时间短的晶闸管必然先导通,阳阴极间的电压先下降,使另外的晶闸管触发困难;另外,流过先开通的晶闸管的电流更大,有可能因过电流而造成损坏。动态均流是通过在各个晶闸管的阳极串联均流电抗器,来达到均衡开通和关断过程中晶闸管动态电流的目的,如图 2.26(b)所示。因为不带铁芯的空心电抗器不易产生饱和现象,在实际应用中普遍采用空心电抗器。

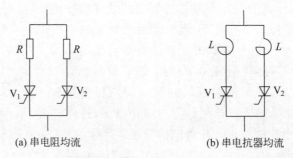

图 2.26　并联晶闸管的均流

2.6 电力电子器件的驱动和保护

2.6.1 电力电子器件的驱动

通过前几节的学习可以发现,电力电子器件的控制往往需要在控制极输入驱动电压或驱动电流才能实现。对于不同的电力电子器件,控制极所需要的控制信号往往也不同。但计算机输出的控制信号是低压控制信号,而电力电子器件的控制信号往往要求高电压或大电流,所以中间就需要一个调制电路使控制信号满足需求,这个电路就称为驱动电路。驱动电路的输入端一般为低压电路,通常在数十伏以下,而主电路一般为高压电路,通常在数千伏以上。所以主电路和驱动电路之间必须采用电气隔离,隔离的方法一般为磁隔离和光电隔离。下面分别介绍晶闸管和全控器件的驱动要求。

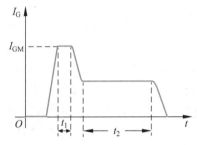

图 2.27　晶闸管门极触发脉冲电流的理想波形

1. 晶闸管类器件的触发要求

晶闸管的触发信号通常是脉冲电流,例如短暂的正脉冲等。图 2.27 为晶闸管门极触发脉冲电流的理想波形,该波形分为强触发脉冲和平台波形两部分。强触发脉冲的幅值 I_{GM} 一般约为额定触发电流的 5 倍,持续时间 t_1 一般大于 $50\mu s$。但为了防止损坏晶闸管的门极,I_{GM} 不允许超过规定的门极最大允许峰值的电流。平台波形电流的幅值一般会略高于晶闸管的额定触发电流,目的是确保晶闸管的可靠导通。为使晶闸管的阳极电流在触发脉冲消失之前达到擎住电流,要求触发脉冲具有足够的宽度,所以持续时间 t_2 至少要大于 6ms。晶闸管关断时往往会在门极加 5V 的负电压以保证晶闸管的可靠关断。此外,大多数晶闸管要求触发脉冲前沿尽可能陡,以实现快速、精准的触发导通。

2. 全控型器件的驱动要求

GTO 门极开通的工作机理与晶闸管相似,但关断时对电流要求很大,需要具有特殊门极关断功能的门极驱动电路,这里不做具体介绍。除 GTO 以外的全控型器件按照驱动方式分为电流型驱动器件(GTR)与电压型驱动器件(MOS 管、IGBT),它们的驱动电流与驱动电压波形相似,如图 2.28 所示。驱动脉冲前沿一般要求为小于 $1\mu s$ 的陡脉冲,并且要有过冲电流,以缩短开通时间,减小开通损耗。GTR 开通后的驱动电流不能过大,否则会使 GTR 的工作状态进入放大区与深度饱和区,增大 GTR 的工作功耗。同样是电压型驱动器件,MOS 管和 IGBT 的驱动电压大小并

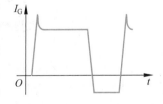

图 2.28　全控型器件的驱动信号波形

不相同。MOS 管的驱动电压一般在 $10\sim15\mathrm{V}$,IGBT 的驱动电压在 $15\sim20\mathrm{V}$。关断时控制极一般会加 $-15\sim-5\mathrm{V}$ 的反向电压来保证器件的可靠关断。

2.6.2 电力电子器件的保护

当电力电子器件承受的电压电流超过额定值,短时间内就会导致器件的不可逆损坏,所以对于电力电子器件的保护尤为重要。实际应用中,有很多的情况会导致过电压与过电流,例如自然界的雷电造成的过电压会对电子器件造成很大的影响;电路状态的瞬间变化(拉闸)激发很大的 $L\,\mathrm{d}i/\mathrm{d}t$ 产生过电压,电路中电子器件的换相会产生很大的过电压,短路会带来显著的过电流。目前对于过电压和过电流都有明确的保护措施,具体包括:

1. 过电压的保护措施

(1)避雷器保护。避雷器一般安装在变压器的入户侧,在雷击发生时,巨大的瞬间电压会将避雷器内部的阀芯击穿,使雷电通过避雷器传入地面从而保护变压器。

(2)电容接地保护。在变压器的副边绕组上并联接地电容,可有效避免电路在状态转换瞬间产生的巨大瞬时电压对电路的影响。

(3)非线性器件保护。非线性器件的特点是在不同的外加电源或电压下器件自身的电力性质也不同。在正常电压下,它们的阻值较高,对外表现为断路,不会影响电路的正常工作状态。一旦承担过电压时,自身会被可逆击穿,电阻急剧降低,从而可使大电流通过,起到保护主电路的作用。当过电压消失时,自身又会由击穿状态恢复到正常的阻断状态。常见的非线性器件有雪崩二极管、金属氧化物压敏电阻和转折二极管等。

(4)阻容保护。一般接在电力电子电路的直流侧或者供电变压器的两侧,其中保护电阻限制主电路电容的电流,保护电容吸收主电路电感状态快速变化释放的能量。

2. 过电流的保护措施

(1)快速熔断器保护。快速熔断器一般由类似于银、铜等熔点低且导电性能好的金属制成,保险丝就是生活中最常见的快速熔断器。在规定电流之下时电路正常工作,当电流超过规定电流后,电流的热效应会使金属丝熔断从而使主电路断路,起到电路保护的作用。但由于保护过程不可逆,所以每次熔断之后都需要重新更换熔断体。

(2)过电流继电器保护。过电流继电器采用电流互感来检测主电路中的电流,电流一旦过大,就切断电源使电路断开。在小容量装置中也采用带过电流跳闸功能的自动空气开关。

(3)直流快速开关保护。由于在大功率直流回路中电感会储存大量的电磁能量,切断直流回路会使电磁能量瞬间释放形成电弧,对电路产生巨大的威胁,所以带有断弧功能的直流快速开关在特定场合下必不可少。

3. 缓冲电路

缓冲电路又名吸收电路，主要用来抑制电路中的过电压、过电流、电压变化率与电流变化率。缓冲电路的存在使电路中的电压与电流不能突变，不仅避免了器件由于瞬间承担过电压或通过过电流而击穿，而且避免高电压和大电流的同时出现，减小开关损耗。

图 2.29 是一种典型的缓冲电路，包括关断缓冲环节（du/dt 抑制）和开通缓冲环节（di/dt 抑制）。当 V 关断时，原先的瞬时电流经过二极管 D_s 向缓冲电容 C_s 充电，利用 C_s 的稳压性能，降低 V 关断时的 du/dt；当 V 开通时，缓冲电容 C_s 一方面经过 R_s 向 V 放电，一方面经过小电感 L_i 将电场能转变为磁场能存储在电感 L_i 中，降低了流经 V 的电流上升率 di/dt，在下一次 V 关断时，电感 L_i 存储的磁场能经过 R_i 和 D_i 释放。图 2.30 为有无缓冲电路的器件开关轨迹对比。可以看出，在有缓冲电路的状态下，主电路中可以有效避免大电压与大电流同时存在的情况，从而明显降低了电路的开关损耗。

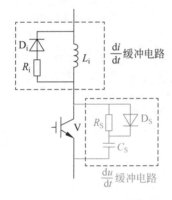

图 2.29　缓冲电路

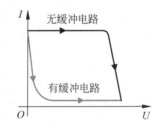

图 2.30　开关轨迹对比

2.7　电力电子器件的 Multisim 仿真

本节将采用 Multisim 仿真软件来展示常见的电力电子器件以及常见全控器件的开通关断过程。

2.7.1　常见电力电子器件的符号

打开 Multisim 后，在空白界面右击，选择"放置元器件"，弹出窗口如图 2.31 所示。

Multisim 的器件库非常齐全，从中可以根据具体型号找到市面上绝大多数的电子元器件。常见的元器件有二极管（DIODE）、晶体管（TRANSISTOR）等，二极管门类下有稳压二极管（ZENER）、发光二极管（LED）、晶闸管（SCR）、双向晶闸管（TRIAC）等，晶体管门类下有 BJT、达林顿管、IGBT、MOS 管等，如图 2.32 所示。

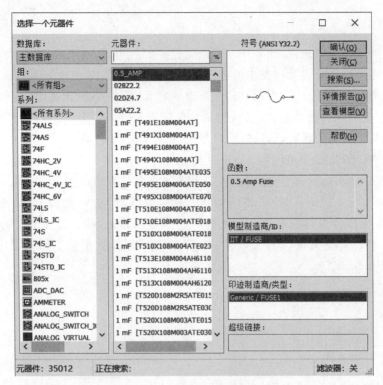

图 2.31 Multisim 元器件菜单

图 2.32 Multisim 二极管、晶体管菜单

图 2.33 从左至右分别为二极管、晶闸管、NPN 型达林顿管、N 沟道 MOS 管、IGBT 在 Multisim 中的符号表示。

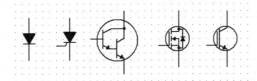

图 2.33　Multisim 部分元器件符号

2.7.2　N 沟道 MOS 管的导通与关断仿真

采用 Multisim 搭建的简易 MOS 管驱动电路如图 2.34 所示,该电路左侧为驱动电路,右侧为主电路。IRF710 是一种常见的 N 沟道增强型 MOS 管,漏源极最大可承受 400V 电压。MOS 管为电压驱动型器件,但是需要栅极大电流才能有效驱动使其导通,传统的信号发生器所产生的电流不足以驱动 MOS 管,所以需要驱动电路使栅极电流放大。驱动电路中,XFG1 为数字信号发生器,输出 50% 占空比,振幅为 10V 的脉冲信号;NPN 晶体管 Q_2 与 PNP 晶体管 Q_3 为配对的两款晶体管,在电路中主要起到电流放大的作用,常见的配对三极管型号有 8050 与 8550、C1815 与 A1015 等。R_1、R_2、Q_2、Q_3 共同组成了一个简易的半桥驱动电路,也称为图腾柱驱动电路。右侧为 MOS 管主电路,其中 XSC1 为双通道示波器,分别检测信号发生器输出电压与电阻 R_3 两端电压。

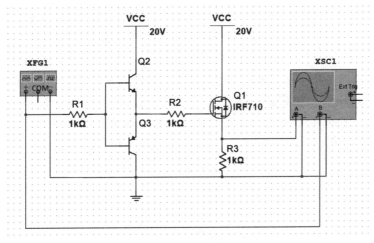

图 2.34　MOS 管驱动电路

图 2.35 为电路正常运行状态下示波器的显示,上方的折线为数字线信号发生器的输出电压波形,下方的折线为电阻两端的电压波形。不难看出,电阻两端电压很好地跟随了输入信号的通断情况。

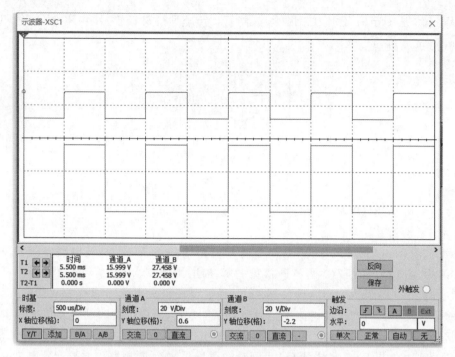

图 2.35　双通道示波器波形显示

本章小结

通过本章的学习可以初步接触常见的电力电子器件。电力二极管和 PN 结的概念是基础,绝大多数的电力电子器件都是在此基础上发展衍生而来的。二极管是典型的不可控器件,相比较而言,可控器件分为两种,一种是半控型器件,典型代表是晶闸管,可以通过门极信号控制器件导通但不能控制器件关断,晶闸管也有很多的衍生器件,比如双向晶闸管、可逆晶闸管等,优点是电流电压的承受能力强;另一种是全控型器件,典型代表有 MOS 管、IGBT 等,可以通过门极信号控制全控型器件的导通与关断,优点是工作频率高、稳定性好。表 2.1 汇总了本章介绍的几种电力电子器件的特征。

表 2.1　电力电子器件的特征汇总

器件名称	具体种类	优　　点	缺　　点	应用场合
电力二极管	不可控型 双极型	结构简单 工作可靠	耐压值低	广泛应用于各种场合
晶闸管	半控型 双极型 电流驱动型	承受电压和电流的容量高	易受干扰而误导通	整流电路、静态旁路开关、无触点输出开关
GTO	全控型 双极型 电流驱动型	具有电导调制效应,通流能力强	开关速度低、驱动功率大	兆瓦级以上的大功率场合

续表

器件名称	具体种类	优　点	缺　点	应用场合
GTR	全控型 双极型 电流驱动型	耐高压、电流大、开关时间短	驱动功率大,存在二次击穿问题	中小功率范围的斩波、变频电路
电力 MOSFET	全控型 单极型 电压驱动型	开关速度快、热稳定性好、驱动功率小	电流容量小、耐压低	功率不超过 10kW 的电力电子装置
IGBT	全控型 复合型 电压驱动型	同时具备 MOS 管与 GTR 的优点	关断时间较长,工作频率偏低	广泛应用于各种场合

由于大多数的电力电子器件受过电压和过电流的影响比较大,且造成的损害不可逆,所以对电路的驱动与保护提出了比较高的要求。在 2.5 节以串并联晶闸管为例均流、均压原理的基础上,2.6 节主要介绍了几种常见的驱动和保护方式,在实际应用中,情况可能更加复杂,需要多个方面综合考虑。2.7 节的 Multisim 仿真是电力电子器件在实际应用中的体现,也有助于更加直观地了解器件的实际使用情况。

随着科技的不断发展,今后会有越来越多的电力电子器件面世,它们的功能会更加广泛。牢固掌握基础器件的工作原理,可以帮助大家了解更复杂的器件。

本章习题

1. 概括电力二极管的工作特性。

2. 维持晶闸管导通的条件是什么? 怎样才能使晶闸管由导通变为关断?

3. 图 2.36 实线表示流过晶闸管的电流波形,最大值均为 I_m,计算电流平均值、电流有效值。

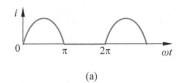
(a)

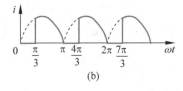
(b)

图 2.36　电流波形图

4. 现有一只额定电流为 100A 的晶闸管,如果不考虑安全裕量,流过上题中的电流波形时,允许流过的电流平均值各为多少?

5. 如果某 N 沟道 MOS 管工作于开关状态,电路参数为 $U_{DS}=40V$,$I_D=35A$,$R_{DS}=28m\Omega$,$U_{GS}=10V$,$t_{d(on)}=25ns$,$t_{ri}=t_{fv}=30ns$,$t_{d(off)}=70ns$,$t_{rv}=t_{fi}=12ns$,$f_s=20kHz$,$I_{DS}=250\mu A$,占空比 $D=0.6$。试计算 MOS 管的开通时间、导通时间、关断时间。

6. 结合 GTR 和 MOS 管的驱动原理,说明电流控制型器件和电压控制型器件的特点。

第 3 章 相控整流电路

3.1 概述

生活中,许多家电设备使用的电能都是交流电,而直流电动机、电镀电解电源、同步发电机励磁等使用的是直流电。因为直流电传输距离有限,且必须将其电压控制在有限范围之内,利用发电厂产生且长距离传输直流电不切合实际,所以在用到直流电时需要将交流电转化成直流电,这种交流电到直流电的转化过程称为**整流**。实现整流的设备有机械式整流器和电子器件整流器等多种类型,其中较为典型的机械式整流器包括直流发电机的电刷和换相器,现在较为广泛使用的是由电力电子器件组成的整流电路来实现交流到直流的转换。整流电路的性能和控制方式必须满足以下要求:效率高、输出的直流电压大小可以控制,以及直流侧电压和交流侧电流的纹波限制在允许范围内。

整流电路根据输入交流电源的相数,可以分为单相、三相和多相整流电路;根据电力电子器件控制特性,可以分为不可控、半控和全控整流电路;根据结构形式,可以分为零式和桥式整流电路。

本章首先讨论最基本的单相可控整流电路,分析和研究其工作原理、基本数量关系,以及负载性质对整流电路的影响,随后分析三相可控整流电路,再介绍有源逆变的工作原理,同时学习晶闸管触发电路的控制和整流电路的 Multisim 仿真方法。需要注意的是,本章除强调研究器件的导通、关断损耗问题外,一般将电力电子器件视为理想器件,即忽略电力电子器件开通和关断时的管压降和漏电压,同时认为器件的导通和关断均是瞬间完成的。

3.2 单相可控整流电路

3.2.1 单相半波可控整流电路

单相半波可控整流电路(Single Phase Half Wave Controlled Rectifier)是一种当交流输入电压为单相时,由可控器件为负载提供单向波动的直流电,且负载电压波形仅出现在正半周的电路,如图 3.1(a)所示。电路由变压器 T 供电,变压器 T 原边和电压的瞬时值分别用 u_1 和 u_2 表示,u_{VT}、u_d 分别表示晶闸管两端的电压和输出负载电压,i_d 表示负载电流。

1. 带电阻负载的工作情况

1) 工作原理

给定变压器副边瞬时电压 $u_2 = \sqrt{2}U_2\sin\omega t$,其中 U_2 表示电压有效值,如图 3.1(b)所示。在一个工作周期内,带电阻负载的单相半波可控整流电路原理分析如下:

ωt_1 时刻给晶闸管 VT 门极施加触发脉冲信号,如图 3.1(c)所示。此时 VT 两端承受电压 u_2 为正,满足导通条件。VT 导通后,电流流经晶闸管和负载形成回路,此时晶闸管两端电压差为零,负载电压等于变压器副边电压,即 $u_d = u_2$,流经负载的电流 $i_d = \dfrac{u_d}{R}$,波形起伏与 u_d 一致。

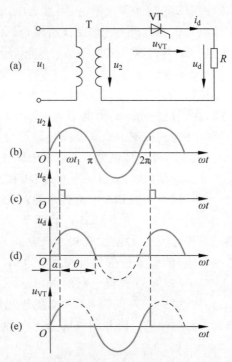

图 3.1　单相半波可控整流电路原理图及工作波形（电阻负载）

$\omega t = \pi$ 时,变压器副边电压 u_2 过零,此时晶闸管两端承受的电压为零,并即刻转为负值,VT 变为关断状态。之后,$i_d = 0$,因此负载两端电压 u_d 为零,晶闸管两端电压等于变压器副边电压,即 $u_{VT} = u_2$。

$\omega t = 2\pi$ 时刻,变压器副边电压开始回正。由于此时晶闸管没有触发信号,尚未导通,电路仍处于断开状态,回路无电流,输出电压 u_d 仍为零,此时晶闸管两端电压仍为变压器副边电压。直到 $\omega t = 2\pi + \omega t_1$ 时刻,晶闸管接收到触发信号且此时两端电压差为正值,因此晶闸管由关断状态变为导通状态,之后电路的工作模式与 ωt_1 时刻之后相同,呈周期性变化。可见,该电路的输出电压变换周期是 2π。

从晶闸管开始承受正向电压到接收到触发脉冲信号的电角度称为**触发角**,有时也叫控制角,一般用 α 表示。晶闸管在一个周期内处于通态的电角度称为**导通角**,一般用 θ 表示。通过改变器件触发时刻从而调节电路输出电压和电流的控制方式,称为**相位控制**方式,简称相控。改变器件触发时刻的操作称为**移相**,通过移相改变触发角可以使整流输出电压平均值变化直至为 0,触发角从 0 至使整流输出平均电压为 0 的时刻的范围称为**移相范围**。

如果改变图 3.1 中晶闸管的触发脉冲作用时刻 ωt_1,整流电路输出电压 u_d、负载电

流 i_d 的波形也随之变化,其平均值也同时改变。因此在电源正半周期内,通过改变晶闸管的触发时刻,可以调节整流器输出直流电压和电流的平均值。

2) 定量计算

带电阻负载的单相半波可控整流电路输出直流电压的平均值 U_d 为

$$U_d = \frac{1}{2\pi}\int_\alpha^\pi \sqrt{2}U_2\sin\omega t\, d(\omega t) = \frac{\sqrt{2}}{\pi}U_2\frac{1+\cos\alpha}{2} = 0.45U_2\frac{1+\cos\alpha}{2} \tag{3.1}$$

当 $\alpha = 0$ 时,整流电路输出电压平均值最大,为 $0.45U_2$。随着 α 增大,U_d 减小,当 $\alpha = \pi$ 时,$U_d = 0$。因此该整流电路的晶闸管 VT 的移相范围为 $0° \sim 180°$。当然,除式(3.1)外,移相范围也可以直接从图 3.1(d)中看出,在 $\alpha \in (0°, 180°)$ 时,输出电压 u_d 波形与横轴围成的区域面积为正,即输出的平均电压为正。

电路输出直流电流的平均值 I_d 为

$$I_d = \frac{1}{2\pi}\int_0^{2\pi} i_d\, d(\omega t) = \frac{1}{2\pi}\int_\alpha^\pi \frac{\sqrt{2}U_2\sin\omega t}{R}d(\omega t) = \frac{U_d}{R} \tag{3.2}$$

2. 带阻感负载的工作情况

1) 工作原理

图 3.2(a)所示为带阻感负载的单相半波可控整流电路原理图,其负载由电阻和电感共同组成。由于电感是储能元件,在电感电流增加时,电感产生电动势 $e_L = -L\dfrac{di_d}{dt}$,其极性将阻止电流的上升;在电感电流下降时,电感电动势 e_L 的极性将阻止电流的下降。这使得流过电感的电流不能发生突变。这是阻感负载的特点,也是理解整流电路带阻感负载工作情况的关键。晶闸管单相半波可控整流电路阻感负载时的工作过程可以分为以下几个阶段:

ωt_1 时刻,触发脉冲信号作用于承受正向电压的晶闸管,晶闸管 VT 导通,之后虽然触发脉冲消失,但是晶闸管在承受正向电压下仍保持导通状态。u_2 作用于负载两端,因电感 L 的存在使电流 i_d 不能突变,感应电动势试图阻止 i_d 增加,因此电流 i_d 从 0 开始缓慢增加,如图 3.2(e)所示。在这个过程中,交流电源同时提供电阻 R 消耗的能量和电感 L 吸收的磁场能量。

π 时刻,输入电压 u_2 过零,与带电阻负载的整流电路不同的是,由于电感的作用,晶闸管并不会随着 u_2 变负而立刻关断。虽然 i_d 已经处于减小的过程中,但尚未降到 0,因为电感之前储存的能量并未完全释放,此时 $\left|L\dfrac{di_d}{dt}\right| - |u_2| = i_d R > 0$,意味着电感电动势 e_L 克服了 u_2 的负半周电压,使晶闸管仍然承受正向电压而继续导通。直至 ωt_2 时刻,电感储能释放完毕,此时 $\left|L\dfrac{di_d}{dt}\right| = |u_2|$,$i_d$ 减小为 0,晶闸管关断。可见,在 $\pi \sim \omega t_2$ 时刻,晶闸管仍处于导通状态,忽略晶闸管的管压降,输出电压 u_d 与 u_2 相等,也随 u_2 出现了负值,如图 3.2(d)和图 3.2(e)所示。

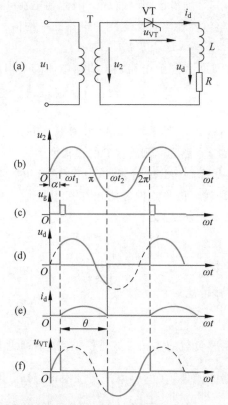

图 3.2　带阻感负载的单相半波可控整流电路原理图及工作波形

ωt_2 时刻,晶闸管关断,回路断流,流经电阻负载 R 的电流 $i_d = 0$,晶闸管两端电压 $u_{VT} = u_2$。$\pi + \omega t_1$ 时刻之前,晶闸管承受正向电压,但是门极没有触发,晶闸管处于关断状态,没有电流流过晶闸管,晶闸管两端电压 $u_{VT} = u_2$,负载电压 $u_d = 0$,负载电流 $i_d = 0$。

由此可见,带阻感负载整流电路的特点在于:当输出电压 u_d 和电流 i_d 方向一致时,交流侧输出电能,一部分电能在电阻 R 上消耗,另一部分由电感 L 转化为磁场能量储存起来;当输出电压 u_d 和电流 i_d 方向相反时,电感 L 储存的磁场能量释放,其中一部分能量仍然在电阻 R 上消耗,另一部分通过变压器副边回馈到电网。

2) 定量计算

将电路中的电力电子器件看作理想开关,即器件导通时认为开关闭合,其阻抗为零;器件断开时认为开关断开,其阻抗为无穷大,则电力电子电路就成为分段线性电路,方便分段进行分析计算。

以图 3.2(a)所示的单相半波可控整流电路为例,电路中只有晶闸管 VT 作为唯一的电力电子器件。当 VT 处于断态时,相当于电路在 VT 处断开;当 VT 处于通态时,其阻抗近似为零,相当于电路在 VT 处短路。电压源 u_2、电感 L 和电阻 R 构成的回路满足

$$L\frac{\mathrm{d}i_d}{\mathrm{d}t} + Ri_d = \sqrt{2}U_2\sin\omega t \tag{3.3}$$

将 VT 受到触发脉冲导通的时刻 α 作为电路初始时刻,即初始化条件为 $\omega t = \alpha$, $i_d = 0$,则求解式(3.3)可以得到

$$i_d = -\frac{\sqrt{2}U_2}{Z}\sin(\alpha - \varphi)e^{-\frac{R}{\omega L}(\omega t - \alpha)} + \frac{\sqrt{2}U_2}{Z}\sin(\omega t - \varphi) \tag{3.4}$$

式中,$Z = \sqrt{R^2 + (\omega L)^2}$,$\varphi = \arctan\dfrac{\omega L}{R}$。由式(3.4)可得图 3.2(e)所示的电流波形,并求出导通角 θ。

由上述分析与计算可知,当 φ 为定值时,α 角越大,电感 L 在 u_2 正半周的储能越少,维持导电的能力就越弱,电路导通角 θ 越小。若 α 不变,则电感 L 的储能随着 φ 的增大而增加,θ 随之增大。当 φ 增大到趋近 90°,电感 L 储能足以维持晶闸管导通的时间接近晶闸管在 u_2 正半周导通的时间,此时输出电压 u_d 正负半周的面积近似相等,其平均值 U_d 接近 0,输出的直流电流平均值也很小。为了解决这一问题,在电路的负载两端反向并联一只二极管,称为**续流二极管**。

3. 带续流二极管和阻感负载的工作情况

1)工作原理

图 3.3(a)为带续流二极管和阻感负载的单相半波可控整流电路,其工作过程具体包括:

ωt_1 时刻,触发脉冲信号作用于晶闸管,晶闸管触发导通。由于 u_2 作用于负载两端,$u_d = u_2$。因大电感 L 的存在,负载电流 i_d 几乎保持不变,如图 3.3(d)所示。该过程与没有续流二极管的电路情况一致。

从 π 时刻开始,u_2 进入负半周,VT 关断,D_R 导通,u_d 为零。电感 L 的储能特点保证了电流 i_d 在 $L \to R \to D_R$ 回路中流通,此过程通常称为续流,该回路称为续流回路。D_R 的可持续导通使 i_d 的波形是连续的,如图 3.3(d)所示。鉴于电感值远大于电阻值,i_d 的波形可视为一条水平线。

从 2π 时刻开始,u_2 进入正半周。但是没有触发信号,晶闸管 VT 仍处于关断状态。$2\pi + \omega t_1$ 时刻触发信号作用于晶闸管使其导通,D_R 关断,阻感负载电压 $u_d = u_2$,电感 L 继续充电。

在一个工作周期内,VT 的导通角为 $\pi - \alpha$,其余时间电流流过二极管 D_R,其导通角为 $\pi + \alpha$,电流 i_{DR} 的波形图如图 3.3(f)所示。

2)定量计算

流过晶闸管 VT 的电流平均值 I_{dVT} 和有效值 I_{VT} 分别为

$$I_{dVT} = \frac{\pi - \alpha}{2\pi}I_d \tag{3.5}$$

$$I_{VT} = \sqrt{\frac{1}{2\pi}\int_\alpha^\pi I_d^2 d(\omega t)} = \sqrt{\frac{\pi - \alpha}{2\pi}}I_d \tag{3.6}$$

根据图 3.3(g)所示的工作波形,晶闸管两端承受的最大正反向电压为 u_2 的峰值,即

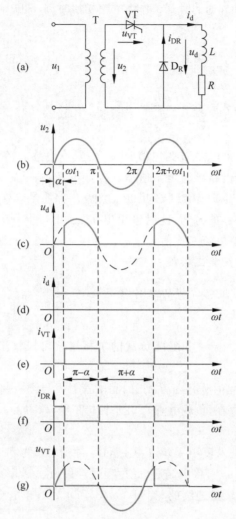

图 3.3 带续流二极管和阻感负载的单相半波可控整流电路原理图及工作波形

$\sqrt{2}U_2$。

续流二极管 D_R 的电流平均值 I_{dVDR} 和有效值 I_{VDR} 分别为

$$I_{dVDR} = \frac{\pi + \alpha}{2\pi} I_d \tag{3.7}$$

$$I_{VDR} = \sqrt{\frac{1}{2\pi} \int_{\pi}^{2\pi+\alpha} I_d^2 \mathrm{d}(\omega t)} = \sqrt{\frac{\pi+\alpha}{2\pi}} I_d \tag{3.8}$$

续流二极管 D_R 承受的最大反向电压为 u_2 的峰值 $\sqrt{2}U_2$。

例 3-1 某电阻负载要求 $0\sim24\mathrm{V}$ 直流平均电压,最大负载电流 $I_d=30\mathrm{A}$,如果用 $220\mathrm{V}$ 交流直接供电与用变压器降到 $60\mathrm{V}$ 供电,都采用单相半波可控整流电路,是否能满足要求?试比较两种供电方案的晶闸管导通角,以及考虑安全裕量为 2 时的额定电流、额定电压。

解：若采用220V交流直接供电，当触发角 $\alpha = 0$ 时，$U_{d0} = 0.45U_2 = 99\text{V}$。若采用60V交流供电，当 $\alpha = 0$ 时，$U_{d0} = 0.45U_2 = 27\text{V}$。所以，调整两种电路的触发角 α 都能满足输出直流电压在 0~24V 的要求。

（1）采用 220V 交流电源供电，输出直流电压的平均值 U_d 为

$$U_d = 0.45U_2\frac{1+\cos\alpha}{2}$$

代入 $U_2 = 220\text{V}$ 和 $U_d = 24\text{V}$，可以得到电路的最低触发角 $\alpha_1 = 121°$，因此移相范围是 $121°~180°$，导通角 $\theta_1 = 180° - 121° = 59°$。

根据晶闸管的性质可知，其额定电压等于所承受的最大反向电压，即

$$U_{N1} = \sqrt{2}U_2 = \sqrt{2} \times 220\text{V} = 311\text{V}$$

由负载电阻 $R = \dfrac{U_d}{I_d} = \dfrac{24}{30} = 0.8\Omega$，可计算流过晶闸管的电流有效值 I_{VT1} 为

$$I_{VT1} = \sqrt{\frac{1}{2\pi}\int_{\alpha}^{\pi}\left(\frac{\sqrt{2}U_2\sin\omega t}{R}\right)^2 \mathrm{d}(\omega t)} = 84\text{A}$$

平均电流 $I_{VT1(AV)}$ 为

$$I_{VT1(AV)} = \frac{I_{VT_1}}{1.57} = \frac{84}{1.57} = 54\text{A}$$

那么，晶闸管的额定电流为 54A。

考虑额定电流和额定电压安全裕量均取2，则晶闸管的额定电流等于108A，额定电压等于622V。

（2）采用降压到60V供电，$U_2 = 60\text{V}$。根据 $U_d = 0.45U_2\dfrac{1+\cos\alpha}{2}$ 可以计算出电路最低触发角 $\alpha_2 = 39°$，移相范围是 $39°~180°$，导通角 $\theta_2 = 180° - 39° = 141°$。

晶闸管的额定电压为

$$U_{N2} = \sqrt{2}U_2 = \sqrt{2} \times 60 = 84\text{V}$$

流过晶闸管的电流有效值 I_{VT2} 为

$$I_{VT2} = \sqrt{\frac{1}{2\pi}\int_{\alpha}^{\pi}\left(\frac{\sqrt{2}U_2\sin\omega t}{R}\right)^2 \mathrm{d}(\omega t)} = 51\text{A}$$

那么，平均电流 $I_{VT2(AV)}$ 为

$$I_{VT2(AV)} = \frac{I_{VT_2}}{1.57} = \frac{51}{1.57} = 32\text{A}$$

考虑额定电流和额定电压安全裕量取2，则晶闸管的额定电流等于64A，额定电压等于168V。

根据例3-1的计算结果可以看出，增加了降压器后，触发角会减小，选择的晶闸管的额定电压、额定电流都减小。因此，工程中应尽量使晶闸管电路工作在小触发角状态。

3.2.2 单相桥式全控整流电路

1. 带电阻负载的工作情况

1) 工作原理

图 3.4(a)所示为单相桥式全控整流电路(Single Phase Bridge Controlled Rectifier)的原理图,其中负载为纯电阻 R,晶闸管 VT_1、VT_4 和晶闸管 VT_2、VT_3 分别组成两对桥臂。电路的工作过程分析如下:

ωt_1 时刻,晶闸管 VT_1 和 VT_4 得到触发脉冲信号导通,形成如图 3.4(b)所示的回路。由于晶闸管 VT_1 和 VT_4 导通,忽略管压降,$u_{VT1} = u_{VT4} = 0$。u_2 只作用于负载两端,负载电压 $u_d = u_2$,负载电流 $i_d = i_{VT1} = i_{VT4} = i_2 = \dfrac{u_d}{R}$。

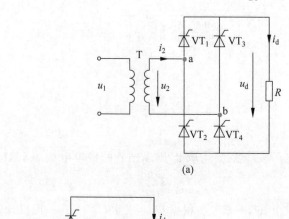

(a)

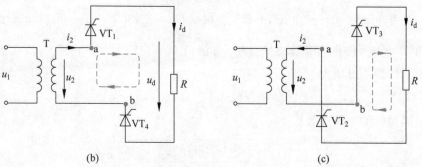

(b)   (c)

图 3.4 带电阻负载的单相桥式全控整流电路原理图

从 π 时刻开始,u_2 进入负半周。晶闸管VT_1 和VT_4 受反向电压关断,由于没有触发信号,晶闸管VT_2 和VT_3 尚未导通。此时电路中 b 点电动势高于 a 点电动势,假设各晶闸管的漏电阻相等,因此晶闸管VT_1 和VT_4 承受 $\dfrac{u_2}{2}$ 的反向电压,晶闸管VT_2 和VT_3 承受 $\dfrac{u_2}{2}$ 的正向电压。负载电流 i_d 为 0,输出电压 u_d 也为 0。

$\pi + \omega t_1$ 时刻，触发晶闸管 VT_2 和 VT_3 导通，形成如图 3.4(c) 所示的回路。u_2 作用于负载两端，即 $u_d = u_2$，电流 $i_d = \dfrac{u_d}{R}$。此时晶闸管 VT_1 和 VT_4 承受电压为 $u_{VT1} = u_{VT4} = u_2$。

从 2π 时刻开始，u_2 进入正半周。由于 a 点电动势高于 b 点电动势，则晶闸管 VT_1 和 VT_4 承受 $\dfrac{u_2}{2}$ 的正向电压，晶闸管 VT_2 和 VT_3 承受 $\dfrac{u_2}{2}$ 的反向电压。此时的负载电流 i_d 为 0，输出电压 u_d 也为 0。带电阻负载的单相桥式全控整流电路工作波形如图 3.5 所示。

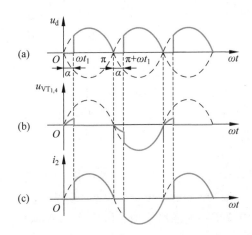

图 3.5　带电阻负载的单相桥式全控整流电路工作波形

2）定量计算

整流输出电压的周期为 π，平均值 U_d 为

$$U_d = \frac{1}{\pi} \int_\alpha^\pi \sqrt{2} U_2 \sin\omega t \, \mathrm{d}(\omega t) = \frac{2\sqrt{2} U_2}{\pi} \frac{1 + \cos\alpha}{2} = 0.9 \frac{(1 + \cos\alpha) U_2}{2} \tag{3.9}$$

当 $\alpha = 0$ 时，$U_d = U_{dm} = 0.9 U_2$；当 $\alpha = 180°$ 时，$U_d = 0$。因此触发角 α 的移相范围 $0° \sim 180°$。

负载输出直流电流的平均值 I_d 为

$$I_d = \frac{U_d}{R} = \frac{2\sqrt{2} U_2}{\pi R} \frac{1 + \cos\alpha}{2} = 0.9 \frac{(1 + \cos\alpha) U_2}{2R} \tag{3.10}$$

电路中不同桥臂上的晶闸管轮流导电，流过晶闸管的电流平均值 I_{dVT} 只有输出电流平均值的一半，即

$$I_{dVT} = \frac{I_d}{2} = 0.45 \frac{(1 + \cos\alpha) U_2}{2R} \tag{3.11}$$

流过晶闸管的电流有效值 I_{VT} 为

$$I_{VT} = \sqrt{\frac{1}{2\pi} \int_\alpha^\pi \left(\frac{\sqrt{2} U_2}{R} \sin\omega t \right)^2 \mathrm{d}(\omega t)} = \frac{U_2}{\sqrt{2} R} \sqrt{\frac{1}{2\pi} \sin 2\alpha + \frac{\pi - \alpha}{\pi}} \tag{3.12}$$

那么，晶闸管额定电流 I_{NVT} 可以取 $1.5 \sim 2$ 倍的 $\dfrac{I_{VT}}{1.57}$。

根据上述分析可知,在单相桥式整流电路中,晶闸管承受的最高正向电压为$\dfrac{\sqrt{2}U_2}{2}$,最高反向电压为$\sqrt{2}U_2$,所以在留有裕量的情况下,晶闸管的额定电压U_{NVT}一般取$2\sim3$倍的$\sqrt{2}U_2$。

变压器副边电流有效值I_2与输出直流电流有效值I相等,即

$$I = I_2 = \sqrt{\frac{1}{\pi}\int_{\alpha}^{\pi}\left(\frac{\sqrt{2}U_2}{R}\sin\omega t\right)^2 \mathrm{d}(\omega t)} = \frac{U_2}{R}\sqrt{\frac{1}{2\pi}\sin2\alpha + \frac{\pi-\alpha}{\pi}} \tag{3.13}$$

由式(3.12)和式(3.13)可得

$$I_{VT} = \frac{1}{\sqrt{2}}I \tag{3.14}$$

不考虑变压器的损耗时,变压器的容积为$S = U_2 I_2$。

例 3-2 单相桥式全控整流电路接电阻负载,交流电源电压$U_2 = 220\text{V}$,要求输出的直流平均电压在$35\sim150\text{V}$范围内连续可调,并且在此范围内,要求输出的直流平均电流都能达到10A。试计算控制角的变化范围、晶闸管的导通角和确定电源容量,并选择晶闸管。

解: 由式(3.9)可得,当$U_d = 35\text{V}$时,$\alpha = 130°$;当$U_d = 150\text{V}$时,$\alpha = 59°$。因此控制角α的调节范围为$59°\sim130°$,导通角θ在$50°\sim121°$变化。

在电压的变化范围中要求整流输出平均电流$I_d = 10\text{A}$,即

$$I_d = 0.9\frac{(1+\cos\alpha)U_2}{2R}$$

由式(3.10)～式(3.12)可得

$$I_{VT} = \frac{U_2}{\sqrt{2}R}\sqrt{\frac{1}{2\pi}\sin2\alpha + \frac{\pi-\alpha}{\pi}}$$

可得通过晶闸管电流有效值I_{VT}为

$$I_{VT} = \frac{2I_d}{\sqrt{2}} \times \frac{1}{0.9(1+\cos\alpha)}\sqrt{\frac{1}{2\pi}\sin2\alpha + \frac{\pi-\alpha}{\pi}}$$

当$\alpha = 59°$时,代入上式得$I_{VT} = 9.4\text{A}$;当$\alpha = 130°$时,代入上式得$I_{VT} = 15.3\text{A}$。

可以看出,负载平均电流相同时,控制角越大,导通角越小,通过晶闸管的电流有效值越大,因此本题选择晶闸管时,应该按电压较低、控制角较大的情况计算。

晶闸管的额定电流I_{NVT}为

$$I_{NVT} = 2\frac{I_{VT}}{1.57} = 2 \times \frac{15.3}{1.57} = 19.49\text{A}$$

晶闸管的额定电压U_{NVT}为

$$U_{NVT} = 3\sqrt{2}U_2 = 3\sqrt{2} \times 220 = 933.4\text{V}$$

变压器的副边电流I_2为

$$I_2 = \sqrt{2}I_{VT} = \sqrt{2} \times 15.3 = 21.63\text{A}$$

电源容量 S 为

$$S = U_2 I_2 = 220 \times 21.63 = 4758.6(\text{W})$$

2. 带阻感负载的工作情况

1）工作原理

图 3.6 所示为带阻感负载情况的单相桥式全控整流电路原理图及工作波形，负载电感极大。电路的工作过程分析如下：

ωt_1 时刻，晶闸管 VT_1 和 VT_4 触发导通，形成变压器 a 点→VT_1→L→R→VT_4→变压器 b 点的回路。此时的负载电压 $u_\text{d} = u_2$，晶闸管 VT_1 和 VT_4 两端的电压为 0。由于

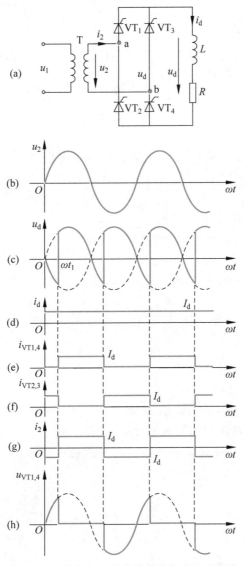

图 3.6 带阻感负载的单相桥式全控整流电路原理图及工作波形

负载电感很大，可以对负载电流 i_d 起平波作用，使其连续且波形近似为一水平线。

π 时刻，u_2 开始变为负电压。由于电感的作用晶闸管 VT_1 和 VT_4 仍保持导通状态，负载电流 $i_d = i_{VT1} = i_{VT4} = i_2$，负载电压仍然等于 u_2。

$\pi + \omega t_1$ 时刻，晶闸管 VT_2 和 VT_3 被触发导通。u_2 作用于负载两端，并且通过晶闸管 VT_2 和 VT_3 分别向晶闸管 VT_1 和 VT_4 施加反压使 VT_1 和 VT_4 关断，流过晶闸管 VT_1 和 VT_4 的电流迅速转移到晶闸管 VT_2 和 VT_3，形成变压器 b 点 $\to VT_3 \to L \to R \to VT_2 \to$ 变压器 a 点的回路，电压 $u_d = u_2$，$i_d = i_{VT2} = i_{VT3} = -i_2$。

2）定量计算

电路输出的直流平均电压 U_d 为

$$U_d = \frac{1}{\pi} \int_\alpha^{\pi+\alpha} \sqrt{2} U_2 \sin\omega t \, d(\omega t) = \frac{2\sqrt{2}U_2}{\pi} \cos\alpha = 0.9 U_2 \cos\alpha \tag{3.15}$$

由于在电流进入稳态后，电流可视为恒定不变，忽略了电流的脉动成分，相当于在恒定电流下，电感不起作用，$L\frac{di}{dt} = 0$，因此输出的直流平均电流为

$$I_d = \frac{U_d}{R} \tag{3.16}$$

由于两桥臂的晶闸管交替导通，通过晶闸管的平均电流 I_{dVT} 为

$$I_{dVT} = \frac{I_d}{2} \tag{3.17}$$

通过晶闸管的电流有效值 I_{VT} 为

$$I_{VT} = \sqrt{\frac{1}{2\pi} \int_\alpha^{\pi+\alpha} I_d^2 \, d(\omega t)} = \frac{I_d}{\sqrt{2}} \tag{3.18}$$

因为变压器副边在正负半周期里都有电流，则电流有效值 I_2 为

$$I_2 = \sqrt{\frac{2}{2\pi} \int_\alpha^{\pi+\alpha} I_d^2 \, d(\omega t)} = \sqrt{2} I_{VT} = I_d \tag{3.19}$$

3.2.3 单相桥式半控整流电路

单相桥式半控整流电路的原理图如图 3.7(a) 所示，该电路将单相桥式全控整流电路中每个导电回路的一只晶闸管用二极管代替，起到了简化整个电路的作用，同时在负载侧反并联二极管 D_R。由于带电阻负载的工作情况和单相桥式全控整流电路相同，接下来只讨论带阻感负载的电路工作情况。

1）工作原理

在 α 时刻给晶闸管 VT_1 加触发脉冲，形成如图 3.7(b) 所示的回路。此时 u_2 在正半周，作用于负载两端，$u_d = u_2$。

π 时刻，u_2 过零变负，之后 a 点的电位低于 b 点的电位。由于电感 L 放电，形成如图 3.7(c) 所示的续流回路。此时通过晶闸管 VT_1 的电流为 0，晶闸管关断，负载电压 u_d

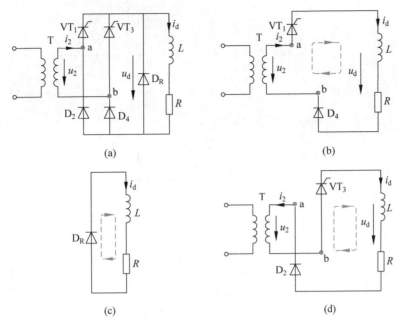

图 3.7 单相桥式半控整流电路原理图

为 0。

π＋α 时刻，给晶闸管VT_3加触发脉冲，VT_3由于承受正向电压而导通，形成如图 3.7(d)所示的回路，$u_d＝u_2$。当电压u_2再次过零的 2π 时刻，电感 L 再次经过二极管D_R续流，使晶闸管VT_3因没有电流流过而关断，u_d又变为 0。此后电路重复以上周期。

倘若不设置续流二极管D_R，在VT_1导通时切断触发电路，当u_2变负时，由于电感的作用，负载电流有VT_1和D_2续流，当u_2又为正时，因VT_1是导通的，u_2又经VT_1和D_4向负载供电，出现失控现象。此时电路的负载电压u_d为正弦半波，相当于单相半波不可控整流电路的工作波形。可见，续流二极管D_R的存在不仅使续流期间的导电回路中只有一个管压降，降低了损耗，而且避免了某一只晶闸管持续导通从而导致失控的现象。

单相桥式半控整流电路的晶闸管和二极管还有另一种接法，如图 3.8 所示。其中，晶闸管VT_1和VT_2串联，二极管D_3和D_4串联，和图 3.7 中续流二极管D_R的作用相同。但是由于两只晶闸管的阴极没有公共接点，其触发电路需要互相隔离。

2）定量计算

带续流二极管的单相桥式半控整流电路输出电压波形与单相桥式全控整流电路电阻负载时相同，因此直流平均电压U_d的表达式也相同，控制角的移相范围为 180°。

从图 3.9(d)、(e)中的电流波形可得，通过晶闸管VT_1、VT_3和二极管D_2、D_4的电流有效值相等，即

$$I_{VT1,VT3}=I_{D2,D4}=\sqrt{\frac{\pi-\alpha}{2\pi}}I_d \tag{3.20}$$

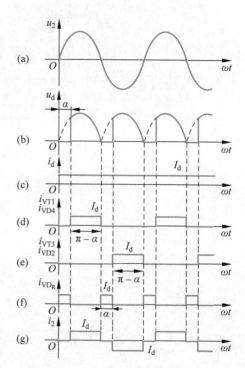

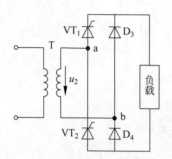

图 3.8　单相桥式半控整流电路的其他接法

图 3.9　单相桥式半控整流电路工作波形

通过续流二极管 D_R 的电流有效值为

$$I_{DR} = \sqrt{\frac{\alpha}{\pi}}\, I_d \tag{3.21}$$

变压器副边电流有效值为

$$I_2 = \sqrt{\frac{\pi - \alpha}{\pi}}\, I_d \tag{3.22}$$

3.2.4　单相全波可控整流电路

单相全波可控整流电路(Single Phase Full Wave Controlled Rectifier),又称单相双半波可控整流电路,其电路原理图如图 3.10(a)所示。电路中只有两只晶闸管,在副边带中心抽头的单相变压器的作用下,晶闸管 VT_1 工作在电压 u_2 的正半周,晶闸管 VT_2 工作在电压 u_2 的负半周。

α 时刻,给晶闸管 VT_1 施加门极脉冲信号使其导通,形成如图 3.10(b)所示的回路,变压器副边上部绕组流过电流,VT_1 两端电压为零,负载电压 $u_d = u_2$。

当电压 u_2 下降为零时,回路电流为零,VT_1 关断。由于晶闸管 VT_1 和 VT_2 都处于断态,电路中没有电流流过,$u_{VT1} = u_2$,$u_d = 0$。

在 $\pi + \alpha$ 时刻,触发导通 VT_2,变压器副边下部绕组流过电流,此时的电流回路如

图 3.10(c)所示。由于 VT_2 导通，VT_1 承受整个变压器副边电压，即 $u_{VT1} = 2u_2$。当 u_2 再次过零时，VT_2 关断，整个电路处于断流状态。单相全波可控整流电路一个周期内的工作波形如图 3.11 所示。

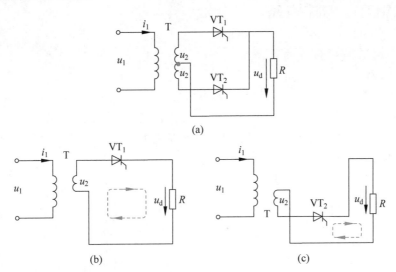

图 3.10　单相全波可控整流电路原理图

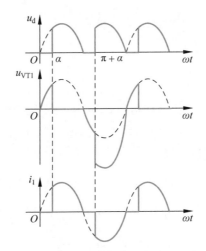

图 3.11　单相全波可控整流电路工作波形

单相全波可控整流电路与单相全控桥式电路从直流输出端或从交流输入端看电压波形是基本一致的。相比于单相全控桥式电路，单相全波可控整流电路的主要特点有：

(1) 电路损耗小。单相全波可控整流电路中的导电回路只含一只晶闸管，因此管压降也更低，与桥式整流电路相比更有效降低了损耗。

(2) 晶闸管承受的管压降较高。在单相全波可控整流电路中，晶闸管承受的最大电压为 $2\sqrt{2}U_2$，是单相桥式全控整流电路的两倍。

（3）结构简单，输出功率较小。单相全波可控整流电路使用元器件较少，但是输出功率小，主要应用在低输出电压的场合。

3.3 三相可控整流电路

3.3.1 三相半波可控整流电路

三相半波可控整流电路原理图及工作波形如图 3.12 所示。三相变压器副边的三相绕组上分别串联晶闸管 VT_1、VT_2 和 VT_3，三只晶闸管的阴极连接在一起，并与负载相连组成三相半波可控整流电路，这种接法称为**共阴极接法**。如果晶闸管的阳极连接在一起，则称为**共阳极接法**。

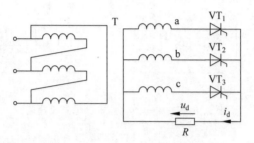

图 3.12　带电阻负载的三相半波可控整流电路原理图

1. 带电阻负载的工作情况

1）工作原理

对三只晶闸管同时施加门极脉冲信号，阳极所接交流相电压值最大的一只晶闸管导通。因此，晶闸管开始承受最大正向阳极电压的时刻是相电压的交点，该点称为**自然换相点**。当某相晶闸管导通时，其余两相的晶闸管会因为承受反向电压而关断。当 VT_1 的触发角 $\alpha = 0$ 时，对应的是 a 相正弦电压 $\omega t = \frac{\pi}{6}$ 的位置，如图 3.13(a)所示。

设定每个相电压的有效值均为 $\sqrt{2}\,U_2$。在任意时刻 ωt，a、b、c 三相的电压分别为 $u_a = \sqrt{2}\,U_2\sin(\omega t)$，$u_b = \sqrt{2}\,U_2\sin\left(\omega t - \frac{2\pi}{3}\right)$，$u_c = \sqrt{2}\,U_2\sin\left(\omega t + \frac{2\pi}{3}\right)$，因此相电压之差分别为

$$u_{ab} = u_a - u_b = \sqrt{2}\,U_2\sin(\omega t) - \sqrt{2}\,U_2\sin\left(\omega t - \frac{2\pi}{3}\right) = \sqrt{6}\,U_2\sin\left(\omega t + \frac{\pi}{6}\right)$$

$$u_{bc} = u_b - u_c = \sqrt{2}\,U_2\sin\left(\omega t - \frac{2\pi}{3}\right) - \sqrt{2}\,U_2\sin\left(\omega t + \frac{2\pi}{3}\right) = -\sqrt{6}\,U_2\cos(\omega t)$$

$$u_{ac} = u_a - u_c = \sqrt{2}\,U_2\sin(\omega t) - \sqrt{2}\,U_2\sin\left(\omega t + \frac{2\pi}{3}\right) = \sqrt{6}\,U_2\sin\left(\omega t - \frac{\pi}{6}\right)$$

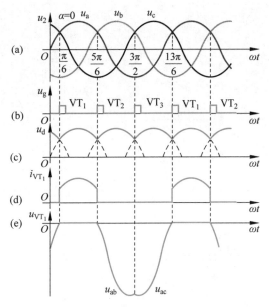

图 3.13 三相半波可控整流电路工作波形(0°触发)

在 $\omega t = \dfrac{\pi}{6} \sim \dfrac{5\pi}{6}$ 的过程中,a 相的电压 u_a 最高,触发脉冲后 VT_1 持续导通,若忽略管压降,$u_{VT1}=0$,输出电压 $u_d = u_a$。

$\omega t = \dfrac{5\pi}{6}$ 时刻,晶闸管 VT_2 承受的正向阳极电压最大,触发导通。之后 VT_1 两端的电压 $u_{VT1} = u_a - u_b < 0$,所以 VT_1 因承受反向电压而关断,$i_{VT1}=0$。VT_3 的情况与之相同。

在 $\omega t = \dfrac{3\pi}{2} \sim \dfrac{13\pi}{6}$ 的过程中,c 相电压最高,VT_3 触发导通,$u_d = u_c$。晶闸管 VT_1 和 VT_2 受反压关断,$i_{VT1}=0$,$u_{VT1} = u_a - u_c = u_{ac}$。至此为电路的一个工作周期,期间三只晶闸管轮流导通,它们的导通角为 $\dfrac{2\pi}{3}$。由图 3.13(e)可见,在 $\alpha = 0°$ 时,晶闸管承受的线电压均为负值。随着 α 增大,晶闸管承受的电压中正的部分逐渐增多。

图 3.14(a)是 $\alpha = \dfrac{\pi}{6}$ 时的工作波形,从输出电压、电流的波形可以看出,这时负载电流处于连续和断续的临界状态。晶闸管的导通角仍为 $\dfrac{2\pi}{3}$,且换流期间负载电流不为零。当 $\alpha > \dfrac{\pi}{6}$ 时,导通的晶闸管因相电压过零而关断,下一相晶闸管承受最大电压,但没有触发脉冲无法导通,会出现输出电压、电流均为零的局面,各晶闸管导通角为 $\dfrac{\pi}{2}$。图 3.14(b)给出的 $\alpha = \dfrac{\pi}{3}$ 时的电路工作波形符合这种情况。若 α 角继续增大,整流电压将越来越小。

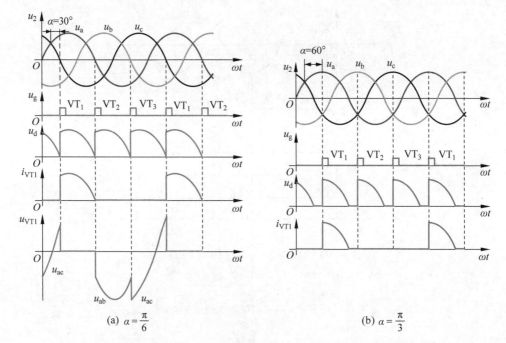

图 3.14　三相半波可控整流电路工作波形

2）定量计算

带电阻负载的三相半波可控整流电路的输出平均电压 U_d 为

（1）$0 \leqslant \alpha \leqslant \dfrac{\pi}{6}$ 时，负载电流连续

$$U_d = \frac{3}{2\pi} \int_{\frac{\pi}{6}+\alpha}^{\frac{5\pi}{6}+\alpha} \sqrt{2} U_2 \sin\omega t\, \mathrm{d}(\omega t) = \frac{3\sqrt{6}}{2\pi} U_2 \cos\alpha = 1.17 U_2 \cos\alpha \qquad (3.23)$$

（2）$\dfrac{\pi}{6} < \alpha \leqslant \dfrac{5\pi}{6}$ 时，负载电流断续

$$U_d = \frac{3}{2\pi} \int_{\frac{\pi}{6}+\alpha}^{\pi} \sqrt{2} U_2 \sin\omega t\, \mathrm{d}(\omega t) = \frac{3\sqrt{2}}{2\pi} U_2 \left[1 + \cos\left(\frac{\pi}{6} + \alpha\right) \right] \qquad (3.24)$$

通过式（3.23）和式（3.24）可得，当 $\alpha = 0°$ 时，U_d 达到最大值，等于 $1.17U_2$；当 $\alpha = 150°$ 时，$U_d = 0$，故电阻负载时触发角 α 的移相范围为 $0° \sim 150°$。

输出的平均电流 I_d 为

$$I_d = \frac{U_d}{R} \qquad (3.25)$$

晶闸管承受的最大反向电压为

$$U_{RM} = \sqrt{2} \times \sqrt{3} U_2 = 2.45 U_2 \qquad (3.26)$$

2. 带阻感负载的工作情况

1) 工作原理

与带电阻负载的三相半波整流电路不同的是,电感的续流作用使导通角增加,只要导通角达到 120°,依次导通的晶闸管就能使负载电流连续。如图 3.15 所示,电流 i_d 的波形基本是平直的。

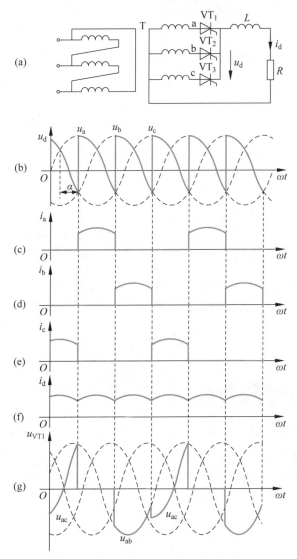

图 3.15 带阻感负载的三相半波可控整流电路原理图及工作波形(60°触发)

$\alpha \leqslant \dfrac{\pi}{6}$ 时,带阻感负载的三相半波整流电路的输出电压波形与带电阻负载时的相同。

当 $\dfrac{\pi}{6} < \alpha \leqslant \dfrac{\pi}{2}$,$u_2$ 过零变负时,由于电感阻止电流下降的作用,晶闸管 VT_1 继续导通,直

到下一相晶闸管VT_2的触发脉冲到来才发生换流,由VT_2导通向负载供电,同时向VT_1施加反压使其关断。这种情况导致输出电压u_d的波形中出现负的部分。随着α的增大,u_d波形中负的部分不断增多,直到$\alpha = \dfrac{\pi}{2}$时,u_d波形中正负面积相等,u_d的平均值为零。可见,带阻感负载的电路触发角α的移相范围为$0 \sim \dfrac{\pi}{2}$。图3.15给出了$\alpha = \dfrac{\pi}{3}$时的电路工作波形。

2)定量计算

在大电感负载时,电路输出电压的波形连续,其平均值计算与电阻负载电流连续时相同,即

$$U_d = 1.17 U_2 \cos\alpha \qquad (3.27)$$

由于负载电流连续,3只晶闸管依次导通,因此通过晶闸管和变压器副边绕组的电流是宽为$\dfrac{2\pi}{3}$的矩形波,所以晶闸管电流的有效值为

$$I_d = \frac{U_d}{R} \qquad (3.28)$$

变压器副边相电流的有效值为

$$I_2 = I_{VT} = \frac{1}{\sqrt{3}} I_d \qquad (3.29)$$

当电路接包含反电动势E的阻感负载时,在负载电感够大足以使负载电流连续的情况下,电路工作情况与带阻感负载时的电压、电流波形相似,区别在于电流的有效值为

$$I_d = \frac{U_d - E}{R} \qquad (3.30)$$

3.3.2　三相桥式全控整流电路

图3.16是带电阻负载的三相桥式全控整流电路,它由6只晶闸管组成,其中VT_1、VT_3和VT_5的阴极连接在一起构成共阴极组,VT_4、VT_6和VT_2的阳极连接在一起构成共阳极组,VT_1和VT_4组成a相桥臂,VT_3和VT_6组成b相桥臂,VT_5和VT_2组成

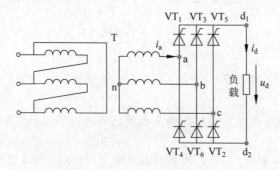

图3.16　带电阻负载的三相桥式全控整流电路原理图

c 相桥臂。

如果对晶闸管同时施加门极触发脉冲,共阴极组的 3 只晶闸管中,阳极所接变压器副边相电压最大的一个导通;共阳极组的 3 只晶闸管中,阴极所接变压器副边相电压值最小的一个导通。根据相电压的大小,图 3.16 中 6 只晶闸管的导通顺序为 $VT_1 \rightarrow VT_2 \rightarrow VT_3 \rightarrow VT_4 \rightarrow VT_5 \rightarrow VT_6 \rightarrow VT_1$,称为**顺相序触发**,两次触发脉冲的间隔为 60°。针对三相桥式全控整流电路,每个导通时刻均导通共阴极组的一个晶闸管和共阳极组的一个晶闸管。以触发角 $\alpha = 0°$ 为例,表 3.1 为每个导通时段中接收触发信号的晶闸管情况。

表 3.1 每个导通时段中接收触发信号的晶闸管情况(0°触发)

时段	I	II	III	IV	V	VI
共阴极组	VT_1	VT_1	VT_3	VT_3	VT_5	VT_5
共阳极组	VT_6	VT_2	VT_2	VT_4	VT_4	VT_6

1. 带电阻负载时的工作情况

1) 工作原理

已知三相桥式全控整流电路中的晶闸管触发角的起点仍是自然换相点。以 $\alpha = 0°$ 为例,按照顺相序触发原则,电路的工作过程可分为 6 个阶段。

第 I 阶段:在 $\alpha = 0°$ 时触发晶闸管,之后相电压 u_a 最大、u_b 最小,共阴极组的 VT_1 和共阳极组的 VT_6 同时导通,电路输出的电压 $u_d = u_a - u_b = u_{ab}$。流过晶闸管 VT_1 的电流等于负载电流,即 $i_{VT1} = i_d = \dfrac{u_{ab}}{R}$,$u_{VT1} = 0$。

第 II 阶段:从 $\omega t = \dfrac{\pi}{2}$ 时刻开始,触发晶闸管 VT_2,因为此时 c 点电位低于 b 点电位,VT_2 触发导通后,VT_6 承受反向电压关断,此时 VT_1 和 VT_2 同时导通,$u_d = u_a - u_c = u_{ac}$,$i_{VT1} = i_d = \dfrac{u_{ac}}{R}$,$u_{VT1} = 0$。

第 III 阶段:从 $\omega t = \dfrac{5\pi}{6}$ 时刻开始,相电压 u_b 最大、u_c 最小,触发晶闸管 VT_3,VT_1 承受反向电压关断,VT_3 和 VT_1 换流,之后 VT_3 和 VT_2 同时导通,$u_d = u_b - u_c = u_{bc}$,$u_{VT1} = u_{ab}$。

第 IV 阶段:$\omega t = \dfrac{7\pi}{6}$ 时刻之后,触发晶闸管 VT_4,由于相电压 u_b 最大、u_a 最小,晶闸管 VT_3 和 VT_4 同时导通,$u_d = u_b - u_a = u_{ba}$,$u_{VT1} = u_{ab}$。

第 IV 阶段:$\omega t = \dfrac{3\pi}{2}$ 时刻之后,触发晶闸管 VT_5,由于相电压 u_c 最大、u_a 最小,晶闸管 VT_4 和 VT_5 同时导通,$u_d = u_c - u_a = u_{ca}$,$u_{VT1} = u_{ac}$。

第 VI 阶段:$\omega t = \dfrac{11\pi}{6}$ 时刻之后,相电压 u_c 最大、u_b 最小,晶闸管 VT_5 和 VT_6 同时导

通，$u_d = u_c - u_b = u_{cb}$，$u_{VT1} = u_{ac}$。

从图 3.17 所示的相电压波形看，共阴极组晶闸管导通时，以变压器副边中点 n 为参考点，整流输出电压 u_{d1} 为相电压在正半周的包络线；共阳极组晶闸管导通时，整流输出电压 u_{d2} 为相电压在负半周的包络线，总的整流输出电压 $u_d = u_{d1} - u_{d2}$，是两条包络线间的差值。此外，整流输出电压也可以根据线电压波形分析。从线电压波形看，由于共阴极组中处于通态的晶闸管对应的是最大的相电压，而共阳极组中处于通态的晶闸管对应的是最小的相电压，输出整流电压 u_d 为这两个相电压相减，是线电压中最大的一个，因此输出整流电压 u_d 波形为线电压在正半周期的包络线。

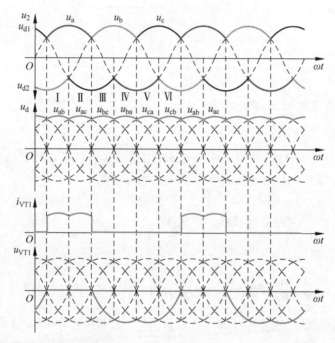

图 3.17　带电阻负载的三相桥式全控整流电路工作波形（0°触发）

当触发角 α 改变时，电路的工作情况将发生变化。图 3.18 给出了 $\alpha = \dfrac{\pi}{6}$ 时的工作波形。电路的工作原理与 $\alpha = 0°$ 时的相同，且晶闸管的导通顺序一致，不同的是晶闸管的导通时刻推迟了 $\dfrac{\pi}{6}$，输出电压 u_d 的每一段线电压也推迟了 $\dfrac{\pi}{6}$，u_d 的平均值降低。图 3.18 同时给出了变压器副边 a 相电流 i_a 的波形，该波形的特点是，在晶闸管 VT_1 处于导通期间，i_a 为正电流，波形与同时段 u_d 的波形呈正比；在晶闸管 VT_4 导通期间，i_a 为负，波形与同时段 u_d 的波形呈正比。b 相和 c 相的电流波形也具有相似的性质。

图 3.19 和图 3.20 分别给出了 $\alpha = \dfrac{\pi}{3}$ 和 $\alpha = \dfrac{\pi}{2}$ 时的电路工作波形，晶闸管工作情况的分析与上述两种情况一致。由于触发角 α 的增大，输出电压 u_d 的波形中每段线电压的

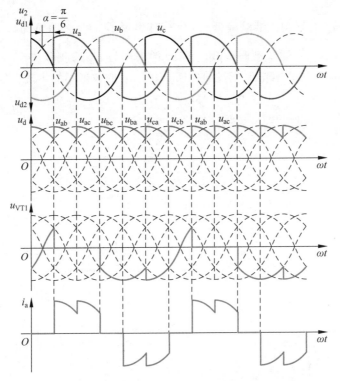

图 3.18 带电阻负载的三相桥式全控整流电路工作波形（30°触发）

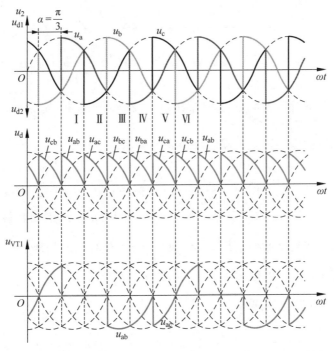

图 3.19 带电阻负载的三相桥式全控整流电路工作波形（60°触发）

波形继续后移,u_d 的平均值继续降低。$\alpha = \dfrac{\pi}{3}$ 时出现了 $u_d = 0$ 的情况,$\alpha = \dfrac{\pi}{2}$ 时 u_d 的波形有一半时间为零。电阻负载时负载电流 i_d 的波形与 u_d 的波形一致,一旦 u_d 降为零,i_d 也降为零,晶闸管因没有电流流过而关断,因此 u_d 的波形不能出现负值的情况。

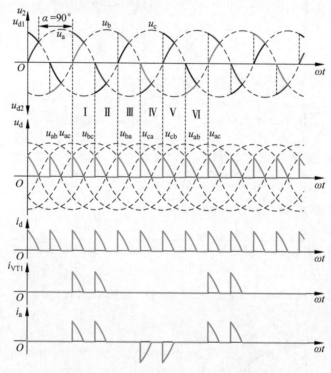

图 3.20　带电阻负载的三相桥式全控整流电路工作波形(90°触发)

如果触发角 α 继续增大至 $\dfrac{2\pi}{3}$,整流输出电压波形将全为零,其平均值也为零,可见带电阻负载时三相桥式全控整流电路触发角 α 的移相范围是 $0 \sim \dfrac{2\pi}{3}$,且在 $\alpha \leqslant \dfrac{\pi}{3}$ 时输出电压、电流均连续。

2)定量计算

因为整流输出电压 u_d 的波形在一个工作周期内脉动 6 次,且每次脉动的波形相同,该电路也属于六脉波整流电路。已知自然换相点 $\alpha = 0°$ 对应的是线电压 $\omega t = \dfrac{\pi}{3}$ 的位置,带电阻负载的三相桥式全控整流电路的输出电压平均值为

(1)$\alpha \leqslant \dfrac{\pi}{3}$ 时,负载电流连续,

$$U_d = \frac{1}{\pi/3} \int_{\frac{\pi}{3}+\alpha}^{\frac{2\pi}{3}+\alpha} \sqrt{6}\, U_2 \sin\omega t \, \mathrm{d}(\omega t) = 2.34 U_2 \cos\alpha \tag{3.31}$$

（2）$\alpha > \dfrac{\pi}{3}$ 时，负载电流断续，

$$U_\mathrm{d} = \frac{1}{\pi/3}\int_{\frac{\pi}{3}+\alpha}^{\pi}\sqrt{6}\,U_2\sin\omega t\,\mathrm{d}(\omega t) = 2.34U_2\left[1+\cos\left(\frac{\pi}{3}+\alpha\right)\right] \tag{3.32}$$

无论负载电流连续或断续，电路输出电流的平均值 $I_\mathrm{d} = \dfrac{U_\mathrm{d}}{R}$。

2. 带阻感负载的工作情况

1）工作原理

当三相桥式全控整流电路带阻感负载时，在 $\omega L \gg R$ 的情况下，负载电流 i_d 通常是连续的。如果忽略电流在每个导电时段内的脉动，i_d 为恒值电流，如图 3.21 所示。可以看出，当 $\alpha \leqslant \dfrac{\pi}{3}$ 时，输出电压 u_d 的波形连续，各晶闸管的通断情况、承受的电压波形等与带电阻负载时相似。当 $\alpha > \dfrac{\pi}{3}$ 时，u_d 的波形会出现负的部分，如图 3.22 所示 $\alpha = \dfrac{\pi}{2}$ 的情况。这时 u_d 的波形正负半周面积相同，直流平均电压 $U_\mathrm{d} = 0$，因此带电阻负载的三相桥式全控整流电路触发角 α 的移相范围是 $0 \sim \dfrac{\pi}{2}$。

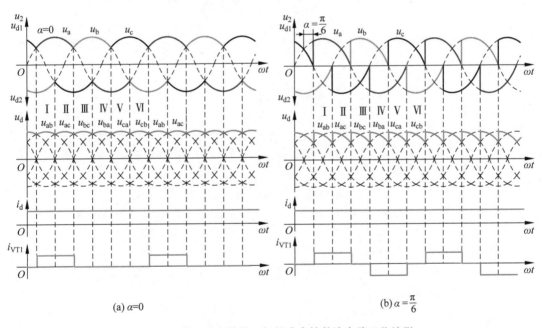

(a) $\alpha = 0$ (b) $\alpha = \dfrac{\pi}{6}$

图 3.21　带阻感负载的三相桥式全控整流电路工作波形

2）定量计算

因为带阻感负载的三相桥式全控整流电路的输出电压、电流波形连续，所以 U_d 和 I_d

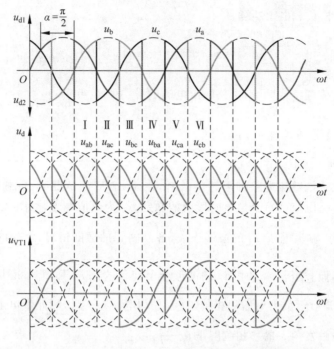

图 3.22　带阻感负载的三相桥式全控整流电路工作波形(90°触发)

计算与电阻负载时相同。当触发角 $\alpha = \dfrac{\pi}{6}$ 时,每只晶闸管导通 $\dfrac{2\pi}{3}$,所以流过晶闸管的电流有效值为

$$I_{VT} = \frac{1}{\sqrt{3}} I_d \tag{3.33}$$

变压器副边电流有效值为

$$I_2 = \sqrt{2}\, I_{VT} = \sqrt{\frac{2}{3}}\, I_d \tag{3.34}$$

例 3-3　在带阻感负载的三相桥式全控整流器中,$U_2 = 100\mathrm{V}$,$R = 6\Omega$,L 值极大。当 $\alpha = 60°$ 时,计算输出电压的平均值、输出电流的平均值、晶闸管电流和变压器副边电流的有效值。

解:输出电压的平均值 U_d 为

$$U_d = 2.34 U_2 \cos\alpha = 2.34 \times 100 \times \cos 60° = 117\mathrm{V}$$

输出电流的平均值 I_d 为

$$I_d = \frac{U_d}{R} = \frac{117}{6} = 19.5\mathrm{A}$$

由于变压器副边电流的有效值 $I_2 = I_d = 19.5\mathrm{A}$,可以得到晶闸管电流的有效值 I_{VT} 为

$$I_{VT} = \frac{1}{\sqrt{3}} I_d = \frac{19.5}{\sqrt{3}} = 11.3\mathrm{A}$$

例 3-4 三相桥式全控整流电路如图所示,$L_d = 0.2H$,$R_d = 4\Omega$,要求 U_d 在 $0 \sim 220V$ 变化,试求:

(1) 不考虑控制角裕量时,整流变压器副边相电压 U_2;

(2) 如电压、电流裕量取 2 倍,求解满足条件的晶闸管额定电压和额定电流。

解:由题设可得

$$\omega L = 2\pi f L = 2\pi \times 50 \times 0.2 = 62.8\Omega \gg R_d = 4\Omega$$

所以可以按照大电感负载情况计算,电路的最小触发角 $\alpha_{min} = 0$。

(1) 由 $U_d = 2.34U_2$ 可得,副边相电压 U_2 为

$$U_2 = \frac{U_d}{2.34} = \frac{220}{2.34} = 94V$$

(2) 首先,晶闸管承受的最大峰压为

$$U_{VTm} = \sqrt{6} U_2 = \sqrt{6} \times 94 = 230.3V$$

按裕量系数 2 计算,应选取额定电压 460.6V 的晶闸管。

其次,流过晶闸管电流有效值的最大值为

$$I_{VT} = \frac{I_d}{\sqrt{3}} = \frac{1}{\sqrt{3}} \times \frac{U_d}{R} = \frac{1}{\sqrt{3}} \times \frac{220}{4} = 31.8A$$

按裕量系数 2 计算,流过晶闸管的通态平均电流为

$$I_{VTEVA} = 2 \times \frac{I_{VT}}{1.57} = 2 \times \frac{31.8}{1.57} = 40.5A$$

所以,选定额定电流为 40.5A 的晶闸管。

3.4　整流电路的有源逆变

3.4.1　逆变的概念

在生产实践中,存在着与整流过程相反的要求,即要求把直流电转变成交流电,这种对应于整流的逆过程定义为**逆变**(Invertion)。无源逆变电路是将直流电能变为交流电能输出至负载。这种逆变电路中开关器件的换流是靠全控型器件本身驱动信号的撤除实现的。如果逆变电路将直流电能变为交流电能,并且输出给交流电网,称为**有源逆变**。有源逆变电路依靠交流电网电压的周期性,使处于通态的开关器件承受反向电压而关断,电路中的开关器件可以采用无自关断能力的晶闸管。有源逆变主要用于直流可逆调速、交流绕线式异步电动机串级调速及高压直流输电等场合。

可控整流电路满足一定条件即可工作于有源逆变,其电路形式不发生变化,只改变工作条件。同时工作在整流状态和逆变状态的电路,称为**变流电路**。从前面的分析可以得到,对于带阻感负载的整流电路,电感的释放电能一部分在电阻中消耗,一部分经整流电路回馈到交流电源。但由于电感的储能有限,限制了释放电能的量。整流电路的有源逆变状态使负载中的直流电动势 E 可以源源不断地提供直流电能,并通过整流电路转化

为交流电回馈电网。

下面以单相全波整流电路的阻感负载中带直流电动机为例,介绍有源逆变的基本原理。

如图 3.23(a)所示,当触发角为 $0 \leqslant \alpha \leqslant \dfrac{\pi}{2}$ 时,电路工作在整流状态,电动机 M 运行,直流侧输出电压的有效值 $U_d > 0$ 且满足 $U_d > E_M$,这时负载电流的平均值为

$$I_d = \frac{U_d - E_M}{R} \qquad (3.35)$$

由于 I_d 为正,交流电网输出电动率,电动机输入电功率。

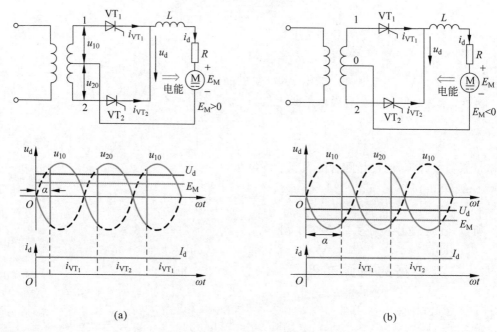

图 3.23 单相全波电路的整流和逆变

如图 3.23(b)所示,电动机 M 回馈制动。由于晶闸管器件的单向导电性,电路内 I_d 的方向依然不变,要想改变电能的输送方向,只能改变 E_M 的极性。为了防止两电动势顺向串联,U_d 的极性也必须反过来,即 $U_d < 0$,且必须满足 $|E_M| > |U_d|$ 才能把电能从直流侧送到交流侧,实现逆变。此时,

$$I_d = \frac{|E_M| - |U_d|}{R} \qquad (3.36)$$

整流电路工作于**有源逆变**的条件可以归纳如下:

(1) 电路负载中含有直流电动势,电动势 E 的方向与晶闸管导通方向一致,大小应大于直流侧输出的平均电压 U_d。

(2) 直流侧输出的平均电压为负,要求电路的触发角 $\alpha > \dfrac{\pi}{2}$。

对于图 3.7 中的桥式半控整流电路和其他负载侧有续流二极管的整流电路,二极管可能使电动势 E 短路,导致电路不能工作于有源逆变状态。因此需要工作于有源逆变状态的整流电路必须是全控整流电路。如果在有源逆变时电路的触发角 $\alpha < \dfrac{\pi}{2}$,那么 U_d 的极性没有改变,并与 E 顺向连接,在负载回路产生大电流 $I_\mathrm{d} = \dfrac{E + U_\mathrm{d}}{R}$。因此,在实际工程中要防止直流电动势和整流电路同时输出电能。

3.4.2　三相桥式整流电路的有源逆变状态

三相桥式整流电路要实现逆变,需将图 3.16 所示电路的电阻负载变为带反电动势和阻感负载。当整流电路带反电动势、阻感负载时,整流输出电压与控制角之间存在余弦函数关系

$$U_\mathrm{d} = U_\mathrm{dm} \cos\alpha \tag{3.37}$$

根据上一节的分析,逆变和整流的区别关键在于控制角不同。当 $0 < \alpha < \dfrac{\pi}{2}$ 时,电路工作在整流状态;当 $\dfrac{\pi}{2} < \alpha < \pi$ 时,电路工作在逆变状态。为方便分析和计算,定义**逆变角** $\beta = \pi - \alpha$。随着逆变角的变化,整流输出电压的平均值也随之改变。在运行中,应根据不同的直流电动势 E_M,调节逆变角的大小,通过调节整流电路输出电压来控制整流电路的输出电流。三相桥式电路工作于有源逆变状态,不同逆变角时的输出电压波形及晶闸管两端电压波形如图 3.24 所示。

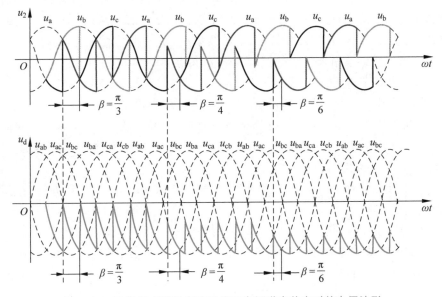

图 3.24　三相桥式整流电路工作于有源逆变状态时的电压波形

电路工作在有源逆变状态时的输出电压平均值为

$$U_d = 2.34U_2\cos\alpha = -2.34U_2\cos\beta \tag{3.38}$$

输出直流电流的平均值为

$$I_d = \frac{U_d - E_M}{R} \tag{3.39}$$

若每只晶闸管导通$\frac{2\pi}{3}$,忽略直流电流的脉动,流过晶闸管的电流有效值可计算为

$$I_{VT} = \frac{I_d}{\sqrt{3}} = 0.577I_d \tag{3.40}$$

从交流电源送到直流侧负载的有功功率为

$$P_d = RI_d^2 + E_M I_d \tag{3.41}$$

当P_d为负值时,表示功率由直流侧输送到交流侧。

在三相桥式电路中,每个周期流经电源的线电流的导通角为$\frac{4\pi}{3}$,是每只晶闸管导通角的2倍,因此变压器副边线电流的有效值为

$$I_2 = I_{VT} = \sqrt{\frac{2}{3}}I_d = 0.816I_d \tag{3.42}$$

3.4.3 逆变失败与最小逆变角的限制

如果工作在整流状态的电路发生换相失败,可能会导致缺相,输出电压减小。逆变运行时,一旦发生换相失败,外接的直流电源就会通过晶闸管电路形成短路,或者使整流电路的输出平均电压和直流电动势变成顺向串联。由于逆变电路的内阻很小,会形成很大的短路电流,这种情况称为**逆变失败**,或逆变颠覆。

造成逆变失败的原因很多,主要有以下几种情况:

(1)触发电路工作不可靠,不能适时、准确地给各晶闸管分配脉冲,如脉冲丢失、脉冲延时等,致使晶闸管不能正常换相,使交流电源电压和直流电动势顺向串联,形成短路。例如,在带电动势负载的三相半波可控整流电路中,当晶闸管VT_1导通一段时间,电流由a相换到b相,应触发VT_2导通。如果触发VT_2的脉冲丢失,晶闸管不导通使输入电压与电动势顺向串联,造成短路。

(2)晶闸管发生故障。例如,在关断期间,器件失去阻断能力,或在导通时器件不能导通,造成逆变失败。

(3)在逆变工作时,交流电源发生缺相或突然消失,由于直流电动势的存在,晶闸管仍可导通,此时整流电路的交流侧由于失去了同直流电动势极性相反的交流电压,因此直流电动势将通过晶闸管使电路短路。

(4)晶闸管换流的时间不足,也就是换相的裕量角不足,引起换相失败,应考虑变压器漏抗引起重叠角对逆变电路换相的影响。

在前面整流电路的分析中,都认为晶闸管的导通和关断是瞬时完成的,实际上电力电子器件的导通和关断都需要一定的时间。整流电路的交流电源如果来自整流变压器,变压器有漏抗;如果整流电路直接连接电网,电路交流侧需要连接进线电抗器以避免电流短路。由于电感电流不能突变,这些电抗的存在就限制了晶闸管在导通和关断时电流上升和下降速度,使晶闸管之间的换流需要一定的时间。在相控电路中,换流时间用换相重叠角 γ 来表示。

以图 3.25(a)所示的电路中 $\mathrm{VT_1}$ 和 $\mathrm{VT_2}$ 的换相过程来解释说明逆变失败的原因。当逆变电路工作在 $\beta > \gamma$ 时,经过换相过程后,b 相电压 u_b 高于 a 相电压 u_a,晶闸管 $\mathrm{VT_1}$ 承受反压而关断。如果换相的裕量角不足,即 $\beta < \gamma$,换相尚未结束,电路的工作状态达到自然换相点之后,电压 u_a 将高于 u_b,使得晶闸管 $\mathrm{VT_2}$ 承受反压关断,本应该关断的 $\mathrm{VT_1}$ 继续导通,且 a 相电压随着时间的推移逐渐增高,电动势顺向串联导致逆变失败。

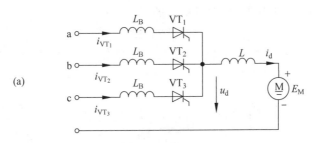

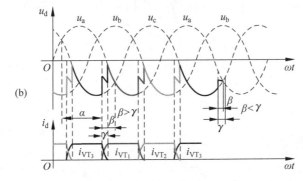

图 3.25　交流侧电抗对逆变换相过程的影响

为了防止逆变失败,可以采用精确可靠的触发电路、使用性能良好的晶闸管、保证交流电源的质量等,最重要的是留出充足的换相裕量角 β。定义逆变时允许采用的最小逆变角 β_min 为

$$\beta_\mathrm{min} = \delta + \gamma + \theta' \tag{3.43}$$

其中,δ 为晶闸管的关断时间 t_q 折算的电角度,γ 为换相重叠角,θ' 为安全裕量角。

由于晶闸管的开通时间很短,通常忽略不计,因此只考虑晶闸管的关断时间 t_q,其一般为 $200 \sim 300\mu\mathrm{s}$,折算成电角度 δ 为 $4° \sim 5°$。换相重叠角 γ 的大小与电路形式、工作电流有关,且随着直流平均电流和换相电抗的增加而增大,一般在 $15° \sim 20°$。安全裕量角 θ' 主要考虑了晶闸管触发脉冲时间的误差,一般取 $5°$ 左右。因此,最小逆变角 β_min 一般

取 $30°\sim35°$。若 β_{min} 太小,整流电路的安全运行不能保障;若 β_{min} 太大,过低的逆变输出电压将降低有源逆变的效率。设计逆变电路时常在触发电路中附加保护环节,保证触发脉冲不进入小于 β_{min} 的区域内。

3.5 晶闸管触发电路的控制

3.5.1 晶闸管触发的基本要求

在之前的电路分析中,考虑了使晶闸管导通的正向电压的条件,对于触发脉冲则按需提供。实际上,触发脉冲需要有相应的触发电路产生。对触发电路的基本要求如下:
(1) 产生晶闸管触发信号,触发脉冲的电压、电流和脉冲宽度满足触发要求;
(2) 触发脉冲能移相控制,即改变脉冲的控制角;
(3) 触发电路产生脉冲时刻与整流电路的控制角一致。
只要满足上述要求的信号都可以用于晶闸管触发,因此晶闸管的触发电路从简单的 RC 移相到复杂的电路都有。

3.5.2 晶闸管触发的主要环节

图 3.26 给出了锯齿波移相触发电路的结构图,主要由以下几个环节组成:

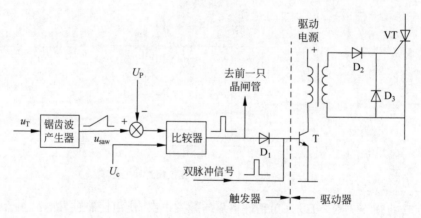

图 3.26　锯齿波移相触发电路结构图

1. 同步信号生成

对于三相桥式整流电路,晶闸管 VT_1 连接在电源 a 相上,因此可取相电压 u_a 为 VT_1 触发的同步信号 u_{Ta}。同理,VT_3、VT_5 分别取 u_b、u_c 为同步信号,VT_4、VT_6、VT_2 分别取 $-u_a$、$-u_b$、$-u_c$ 为同步信号。

2. 锯齿波生成

在同步信号 u_T 从负变正过零时由锯齿波产生器产生锯齿波,锯齿波宽度应大于控制角的移相范围,图 3.27 所示的锯齿波宽度为 $\dfrac{4\pi}{3}$。

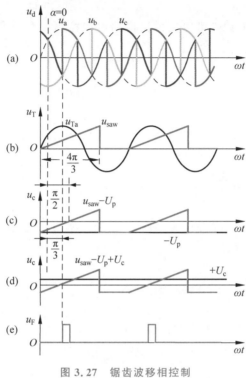

图 3.27　锯齿波移相控制

3. 移相控制

如图 3.27(c)所示的锯齿波过零的时刻,是产生触发脉冲的时刻。在锯齿波 u_{saw} 上叠加直流偏置信号 $-U_p$,调节 $-U_p$ 可以调节 $U_d=0$ 的初始角位置。如图 3.27(d)所示,在锯齿波 $u_{saw}-U_p$ 的基础上叠加移相控制信号 $\pm U_c$,使锯齿波过零时刻在初始角位置前后移动实现移相控制。当 $U_c>0$ 时,控制角 $\alpha<\dfrac{\pi}{2}$;当 $U_c<0$ 时,$\alpha>\dfrac{\pi}{2}$。

4. 脉冲形成和双脉冲控制

通过比较器在 $u_{saw}-U_p\pm U_c=0$ 时刻产生如图 3.27(e)所示的驱动脉冲,二极管 D_1 使三极管 T 导通,脉冲变压器副边感应相应的脉冲触发晶闸管导通。三极管 T 的基极同时还受下一只晶闸管触发器产生的滞后 $\dfrac{\pi}{3}$ 的脉冲控制,在相隔 $\dfrac{\pi}{3}$ 的下一只晶闸管驱动时,T 再导通一次,产生双脉冲控制。

5. 脉冲功放输出

脉冲输出包括信号隔离和脉冲放大,信号隔离一般有变压器隔离和光电隔离两种方法。图 3.26 的脉冲功放输出电路由驱动电源和脉冲变压器组成,脉冲变压器隔离了触发电路和晶闸管主电路,以保障触发电路安全,二极管 D_2 和 D_3 用于使晶闸管仅受到正向脉冲控制。

根据晶闸管移相触发原理可以用模块搭建模拟控制移相触发电路或编制数字控制软件。脉冲移相也可以使用定时器,将控制角变换为时间 $t_\alpha = \dfrac{1/f}{2\pi} \times \alpha$,在同步信号 u_T 过零时开始计时。对于三相桥电路,控制角 $\alpha = 0$ 时刻对应于同步信号相电压过零后 $\dfrac{\pi}{6}$,即 $t_0 = \dfrac{1/f}{2\pi} \times \dfrac{\pi}{6}$。因此设定的定时时间为 $t = t_0 + t_\alpha$,在定时到时发出脉冲触发晶闸管。

3.6 相控整流电路的 Multisim 仿真

为进一步验证分析上述整流电路的性能,本节以单相整流电路的 Multisim 仿真实验为例,分析相应的仿真结果。

3.6.1 单相半波可控整流电路 Multisim 仿真

在 Multisim 中搭建的单相半波电路如图 3.28 所示,其中输入交流电压 220V,在晶闸管受到正向电压时给触发信号触发晶闸管。

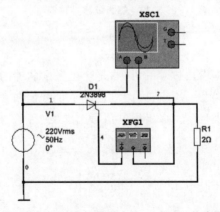

图 3.28　单相半波可控整流电路 Multisim 仿真原理图

单击"运行"按钮,进行电路仿真,得到如图 3.29 所示的仿真曲线。其中通道 A 为输入电源电压,通道 B 为输出电压。也可以设置不同的控制角比较输出电压波形变化。

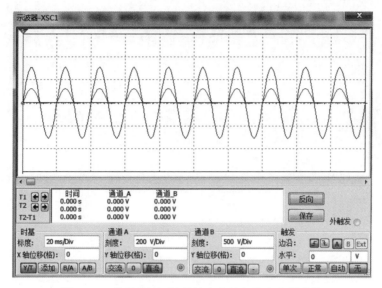

图 3.29　单相半波可控整流电路输入输出电压曲线

3.6.2　单相桥式全控整流电路 Multisim 仿真

在 Multisim 中搭建的单相桥式全控整流电路如图 3.30 所示,其中输入交流电压 220V,在晶闸管受到正向电压时给触发信号触发晶闸管。D_1、D_2、D_3 和 D_4 均为晶闸管,晶闸管 D_1 和 D_4 同时导通,D_2 和 D_3 同时导通。

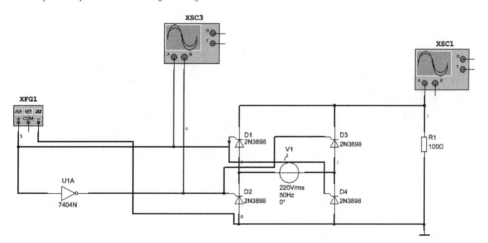

图 3.30　单相桥式全控整流电路 Multisim 仿真原理图

单击"运行"按钮,进行电路仿真,其中 XSC3 通道 A 显示晶闸管 D_1 和 D_4 的触发脉冲信号,通道 B 显示晶闸管 D_2 和 D_3 的触发脉冲信号,如图 3.31 所示,仿真结果如图 3.32 所示。

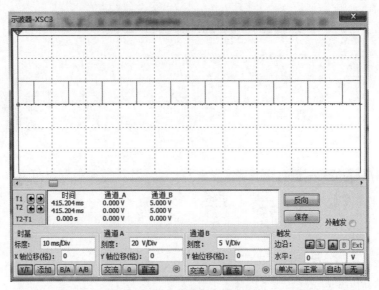

图 3.31　晶闸管触发信号

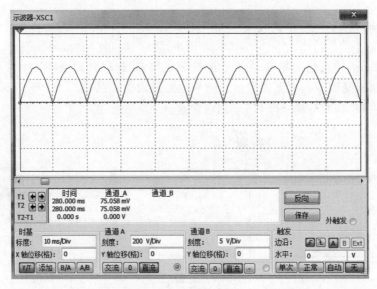

图 3.32　单相桥式全控整流电路输出电压曲线

3.6.3　单相桥式半控整流电路 Multisim 仿真

在 Multisim 中搭建的单相桥式半控整流电路如图 3.33 所示,其中输入交流电压 220V,在晶闸管受到正向电压时给触发信号触发晶闸管,D_1 和 D_2 为晶闸管,D_3 和 D_4 为二极管。单击"运行"按钮,进行电路仿真,仿真输出电压曲线如图 3.34 所示。

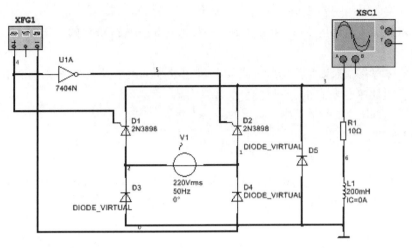

图 3.33 单相桥式半控整流电路 Multisim 仿真原理图

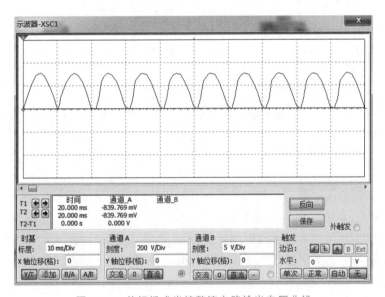

图 3.34 单相桥式半控整流电路输出电压曲线

本章小结

整流电路是各种仪器和电气设备的常需功能,是电力电子电路中出现和应用最早的形式之一。本章主要讲述相控整流电路及其相关知识,是本书的重点,也是学习后面各章的重要基础。本章介绍的主要内容有:

(1) 在电阻负载、阻感负载下的单相和三相整流电路的工作原理,控制角变化对电路输出电压、电流的影响,及相关数据的计算。

(2) 有源逆变的条件、逆变最小限制和防止逆变失败的措施、逆变失败的原因。

（3）触发电路的基本组成及脉冲触发原理。

（4）相控整流电路的 Multisim 仿真，这是电力电子电路研究的新工具，需要多加使用并掌握。

通过本章学习，要求掌握波形分析和分段化处理非线性电路的分析方法，学会处理不同条件下电路工作状态的分析与对比。

本章习题

1. 单相桥式半控整流电路，电阻性负载。要求输出的直流平均电压在 $0\sim100\mathrm{V}$ 连续可调，30V 以上时要求负载电流达到 20A，由交流 220V 供电，最小控制角 $\alpha_{\min}=30°$，试：

（1）画出主电路图；

（2）求变压器正边交流侧电流有效值；

（3）考虑 2 倍安全裕量，求合适的晶闸管的额定电压和额定电流。

2. 三相半波可控整流电路中，$U_2=100\mathrm{V}$，$E=20\mathrm{V}$，$R=2\Omega$，L 足够大，能使电流连续。试问当 $\alpha=90°$ 时，电流有效值 I_d 为何值？如果 $\alpha=60°$，I_d 为何值？为什么？

3. 在三相半波可控整流器中，如果 a 相触发脉冲丢失，试画出 $\alpha=\dfrac{\pi}{3}$ 时，在带纯电阻性负载和大电感负载两种情况下的整流输出电压波形和晶闸管 VT_2 两端的电压波形。

4. 在带电阻负载的三相桥式全控整流电路中，如果有一只晶闸管不能导通，此时的整流输出电压 u_d 的波形如何？如果有一只晶闸管被击穿而短路，其他晶闸管受什么影响？

5. 三相半波整流电路的共阴极接法与共阳极接法中，a、b 两相的自然换相点是同一点吗？如果不是，它们在相位上差多少度？

6. 有两组三相半波可控整流电路，一组是共阴极接法，一组是共阳极接法，如果它们的触发角都是 α，那么共阴极组的触发脉冲与共阳极组的触发脉冲对同一相来说，例如都是 a 相，在相位上差多少度？

7. 什么是逆变失败？如何防止逆变失败？

8. 单相桥式全控整流电路、三相桥式全控整流电路中，当负载分别为电阻负载或电感负载时，要求的晶闸管移相范围分别是多少？

9. 某厂自制晶闸管电镀电源，调压范围为 $2\sim15\mathrm{V}$，在 9V 以上最大输出电流均可达 130A，主电路采用三相半波可控整流电路，解决下列问题：

（1）试计算整流变压器二次电压；

（2）试计算 9V 时的触发角 α；

（3）合适的晶闸管的额定电压和额定电流。

第4章
无源逆变电路

　　逆变电路(Inverter Circuit)也称为直流-交流变换电路(DC-AC Converter),与整流电路相对应,其功能是将直流电转变为频率和电压固定或可调的交流电,广泛应用于蓄电池、太阳能电池等能源设备和变频器、不间断电源等电力电子设备的核心部分。当输出端交流电连接电网时,称为有源逆变电路(Active Inverter Circuit);当交流电直接与用电设备相连时,称为无源逆变电路(Passive Inverter Circuit)。本章主要介绍无源逆变电路。

4.1　逆变电路的工作原理

　　以全桥逆变电路为例说明逆变电路的工作原理。如图 4.1(a)所示,U_d 为直流输入电源,将外接用电设备看作负载,负载两端的电压 u_o 为交流输出电压,将功率开关器件及其辅助电路组成的 4 个桥臂看作开关 $S_1 \sim S_4$,共同构成桥式电路。逆变电路中功率开关器件的选择至关重要,目前使用较多的有双极结型晶体管(BJT)、场效应晶体管(MOS管)、绝缘栅双极型晶体管(IGBT)和可关断晶闸管(GTO)等。因为 MOS 管低通态压降、高开关频率的性质,在小容量低压系统中广泛应用;在大容量高压系统中一般均采用IGBT 模块,这是因为 MOS 管随着电压的升高其通态电阻也随之增大,而 IGBT 在中容量系统中占有较大的优势,而 100kVA 以上的特大容量系统中,一般均采用 GTO 作为功率开关器件。

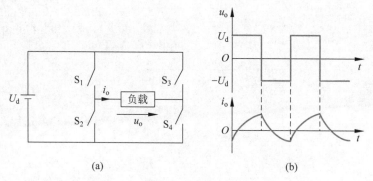

图 4.1　全桥逆变电路及其工作波形

　　对于图 4.1(a)所示的全桥逆变电路,当 S_1 和 S_4 导通,S_2 和 S_3 关断时,通过负载的电流 i_o 正向流通,负载电压 u_o 为正;当 S_2 和 S_3 导通,S_1 和 S_4 关断时,负载电流反向流通,u_o 为负;同一桥臂的开关不能同时导通。借助控制信号使开关交替通断,得到如图 4.1(b)所示的方波交流电压 u_o,改变开关通断的频率,输出的方波交流电压的频率也相应改变。当负载为纯电阻负载时,负载电流 i_o 的波形和相位与 u_o 相同;当负载为阻感负载时,负载电流 i_o 的相位滞后于 u_o,波形也不相同,如图 4.1(b)所示。如无特殊说明,本章介绍的逆变电路连接的负载都是阻感负载。

　　上述逆变电路结构简单、电压利用率高,但输出的交流电与标准正弦交流电相比,含有大量低次谐波,而且输出电压不可调。**脉冲宽度调制**(Pulse Width Modulation,PWM)

技术利用控制极相位变化,在不改变主电路结构下减小谐波分量,使输出电压可以调节,是逆变领域的关键技术之一。当图 4.1(a)所示电路中的 S_1 和 S_3 导通,S_2 和 S_4 关断时,S_1、S_3 和负载形成一个回路,由于没有电源输出,此时负载电压 u_o 为 0,即输出电压中含有零电平。通过控制逆变电路开关管的通断形成上述三种回路,得到如图 4.2 所示脉冲宽度变化的输出波形。一个周期内的脉冲个数越多,输出交流电含有的低次谐波越少。通过对一系列脉冲的宽度进行调制,即可改变输出交流电的幅值和频率,等效地获得所需波形。

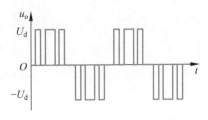

图 4.2　PWM 逆变电路输出波形

逆变电路的分类方法有很多,按照直流电源的性质不同,分为电压型逆变电路、电流型逆变电路;按照逆变输出交流电的调制方式不同,分为脉冲宽度调制逆变电路、脉冲幅值调制(Pulse Amplitude Modulation,PAM)逆变电路等;按照输出相数不同,分为单相逆变电路、三相逆变电路;按照使用的功率开关器件不同,分为半控型器件逆变电路、全控型器件逆变电路。本章分别介绍电压型逆变电路和电流型逆变电路。

4.2　电压型逆变电路

逆变电路中,直流输入电源可以是蓄电池、整流器或直流斩波器等,并且经常采用电容或电感来减小直流回路电压或电流的脉动。当直流回路采用大电容滤波时,逆变电路输入电压 U_d 不容易突变,具有电压源的性质,称为**电压型逆变电路**(Voltage Source Inverter,VSI),如图 4.3 所示。

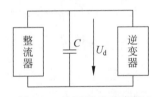

图 4.3　电压型逆变电路

电压型逆变电路主要适用于不可逆传动系统,向多电机供电、稳态运行、无须频繁起制动和加减速等对性能要求不高的场合。

4.2.1　单相电压型半桥式逆变电路

单相电压型半桥式逆变电路主要用于小功率逆变电源,单相全桥、三相桥式电路都可以看成若干半桥式逆变电路组合而成的。如图 4.4(a)所示,电路中的开关管 V_1 和 V_2 为主要控制元件,图中使用的是 IGBT;二极管 D_1 和 D_2 使负载电流连续,常称作续流二极管或反馈二极管;一个开关管和其反并联的二极管构成一个桥臂;电感 L 和电阻 R 组成阻感负载,因此负载电流 i_o 滞后负载电压 u_o;直流电压源 U_d 两侧接两个相等且串联的、足够大的电容 C_1 和 C_2,它们的连接点作为直流电源的中点,将直流电源分为两个 $\dfrac{U_d}{2}$ 的电源。其电路原理如下:

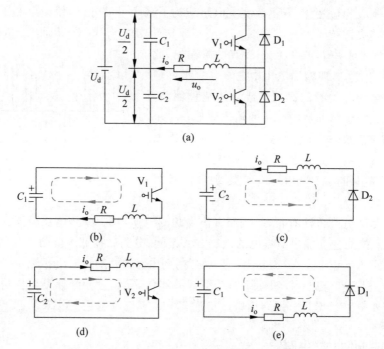

图 4.4　单相电压型半桥式逆变电路原理图

$t_1 \sim t_2$ 时刻,开关管 V_1 导通,形成如图 4.4(b)所示的回路。电流从电容 C_1 正极出发流经开关管 V_1、电感 L、电阻 R 后,流回电容 C_1 负极。此时,直流侧向负载提供能量,负载电压 $u_o = \dfrac{U_d}{2}$,由于电感 L 储能,负载电流 i_o 与电压同方向且呈上升趋势。

t_2 时刻,给开关管 V_1 关断信号、开关管 V_2 导通信号。由于电感 L 释放能量,形成如图 4.4(c)所示的电流回路,电流流经二极管 D_2、阻感负载,流回电容 C_2 正极,向直流侧充电。直流侧电容 C_2 吸收电感反馈的能量,称为**缓冲无功能量**。此时负载电压 $u_o = -\dfrac{U_d}{2}$,正向负载电流下降。续流二极管 D_2 使负载电流缓慢减小,避免开关管 V_1 关断时电流突降为零击穿开关管。

t_3 时刻,正向负载电流下降到 0,二极管 D_2 截止,开关管 V_2 导通。$t_3 \sim t_4$ 时刻,电流回路如图 4.4(d)所示,与 $t_1 \sim t_2$ 时刻相似,直流侧电源给电感 L 充电,负载电压 u_o 不变,负载电流 i_o 反向上升。

t_4 时刻,给开关管 V_2 关断信号、开关管 V_1 导通信号。因为电流方向为负,二极管 D_1 续流导通,向电源侧充电。$t_4 \sim t_5$ 时刻,电流回路如图 4.4(e)所示,换流过程与 $t_2 \sim t_3$ 时刻相似,负载电压恒为 $\dfrac{U_d}{2}$。直到 t_5 时刻,负载电流降为 0,D_1 续流结束而截止,开关管 V_1 导通,逆变电路完成一个工作周期。

可以看出,图 4.4(a)所示电路输出交流电压的有效值为直流电压源的一半,而且只

能通过调节直流电压源来改变其大小。图 4.5(a)所示输出电压的傅里叶级数展开形式为

$$u_o = \sum_{n=1,3,5,\cdots}^{\infty} \frac{2U_d}{n\pi} \sin n\omega t \qquad (4.1)$$

其中，$\omega = 2\pi f$，f 为输出电压的频率，也是开关管的通断频率。

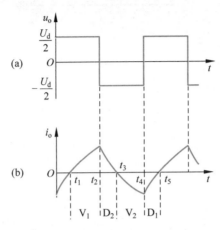

图 4.5 单相电压型半桥式逆变电路工作波形

基波电压幅值 U_{olm} 和**基波电压有效值** U_{ol} 分别为

$$U_{olm} = \frac{2U_d}{\pi} = 0.637U_d \qquad (4.2)$$

$$U_{ol} = \frac{U_{olm}}{\sqrt{2}} = 0.45U_d \qquad (4.3)$$

那么，单相电压型半桥式逆变电路的基波电压增益为 0.45，它表示一定幅值的直流电压可逆变产生的交流电压的基波有效值，也可称作直流电压利用率。

4.2.2 单相电压型全桥式逆变电路

单相电压型全桥式逆变电路图如图 4.6(a)所示，由 4 个全控型开关器件 IGBT 和 4 只续流二极管组成全桥式结构。全桥式逆变电路的开关器件有多种驱动控制方式，在上一节介绍的半桥式逆变电路中，两个桥臂上的开关管的驱动脉冲互差 180°，为固定脉冲控制。全桥式逆变电路若采用该驱动方式，输出交流电压有效值等于直流电源电压 U_d，且只能通过改变 U_d 的大小来调节。

在 U_d 不变的情况下，为了快速调节交流电压大小，采用脉冲移相控制方式调节逆变电路输出电压的脉冲宽度，即在全桥式逆变电路中，V_1 和 V_2 的驱动脉冲互补，V_3 和 V_4 的驱动脉冲互补，并且分别比 V_2 和 V_1 超前 θ，如图 4.7(a)~(d)所示。其电路原理分析如下：

t_1 时刻，V_1 和 V_4 导通后，电流由电源正极出发流经 V_1、电阻 R、电感 L 和 V_4 后，

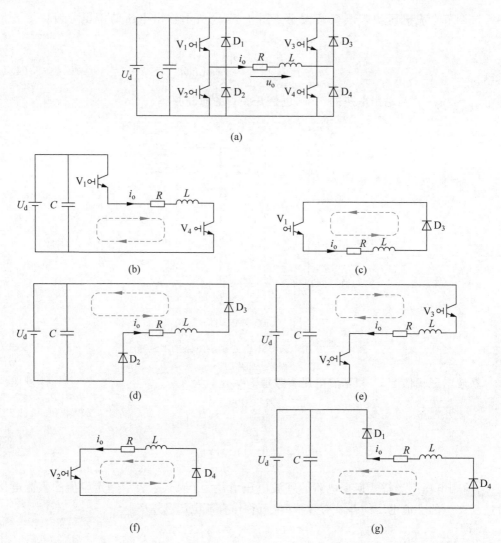

图 4.6 单相电压型全桥式逆变电路原理图

流回电源负极,电感储能,负载电流 i_o 上升,负载电压 $u_o = U_d$,回路如图 4.6(b)所示。

t_2 时刻,V_3 和 V_4 的驱动脉冲反向,V_4 截止,由于正向电流的作用,V_3 不能立刻导通。V_1 继续导通,电感 L 放电,二极管 D_3 导通续流,形成如图 4.6(c)所示的续流回路,所以电压 $u_o = 0$,电流 i_o 下降。

t_3 时刻,V_1 接收到反向驱动脉冲截止,V_2 受正向电流影响接收到正向驱动脉冲后不能立刻导通,二极管 D_2 导通,与 D_3 组成电流回路,如图 4.6(d)所示。此时负载电压 $u_o = -U_d$,正向电流 i_o 继续下降。

t_4 时刻,电流 i_o 降为 0,二极管 D_2 和 D_3 截止,驱动脉冲为正的 V_2 和 V_3 导通,形成如图 4.6(e)所示新的电流回路。电感充电,电流 i_o 开始反向上升,电压 u_o 仍为 $-U_d$。

t_5 时刻,受驱动脉冲影响,V_3 截止,与 t_2 时刻之后相似,电感 L 放电,V_2 和续流二

极管 D_4 形成新的续流回路,如图 4.6(f)所示。

t_6 时刻,V_2 受驱动脉冲影响关断,二极管 D_1 和 D_4 续流,形成的回路如图 4.6(g)所示。$t_6 \sim t_7$ 时刻电流 i_o、电压 u_o 的变化情况与 $t_3 \sim t_4$ 时刻相似,只不过方向相反。至此,为全桥式逆变电路的一个工作周期。

由图 4.7(e)可以看出,输出交流电压是正负各为 $\pi - \theta$ 的脉冲,改变脉冲移相的角度 θ 即可改变输出电压。电路交流输出电压的有效值为

$$u_o = \sqrt{\frac{2}{2\pi}\int_0^{\pi-\theta} U_d^2 \, \mathrm{d}(\omega t)} = U_d\sqrt{\frac{\pi-\theta}{\pi}} \tag{4.4}$$

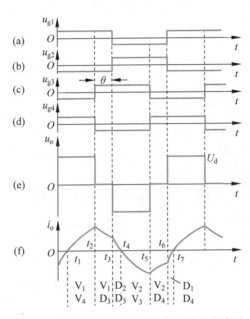

图 4.7 单相电压型全桥式逆变电路工作波形

输出电压按照傅里叶级数展开为

$$u_o = \sum_{n=1,3,5,\cdots}^{\infty} \frac{4U_d}{n\pi}\sin\frac{n(\pi-\theta)}{2}\cos n\omega t \tag{4.5}$$

基波电压的幅值 U_{olm} 为

$$U_{\mathrm{olm}} = \frac{4U_d}{\pi}\sin\frac{\pi-\theta}{2} \tag{4.6}$$

基波电压的有效值 U_{ol} 为

$$U_{\mathrm{ol}} = \frac{U_{\mathrm{olm}}}{\sqrt{2}} = \frac{2\sqrt{2}U_d}{\pi}\sin\frac{\pi-\theta}{2} \tag{4.7}$$

各次谐波幅值为

$$U_{\mathrm{onm}} = \frac{4U_d}{n\pi}\sin\frac{n(\pi-\theta)}{2}, \quad n = 1,3,5,\cdots \tag{4.8}$$

当 $\theta = 0°$ 时,各次谐波的相对幅值为

$$C_n = \frac{U_{onm}}{U_{olm}} = \frac{U_{onm}}{4U_d/\pi} = \frac{1}{n}\sin\frac{n\pi}{2}, \quad n = 1,3,5,\cdots \tag{4.9}$$

电路稳态工作时,如图 4.6(b)所示的回路中负载电流满足

$$U_d = i_o R + L\frac{\mathrm{d}i_o}{\mathrm{d}t} \tag{4.10}$$

则负载电流为

$$i_o(t) = \frac{U_d}{R} - \left(I_{om} + \frac{U_d}{R}\right)\mathrm{e}^{-\frac{t}{\tau}} \tag{4.11}$$

其中,电路时间常数 $\tau = \frac{L}{R}$。

例 4-1 单相电压型全桥式逆变电路,采用方波控制方法时(即移相控制方法中 $\theta = 0°$ 的特殊情况),画出 $V_1 \sim V_4$ 的驱动脉冲信号和输出电压的波形,若输出电压的幅值为 U_d,求输出电压的基波幅值和基波有效值。

解: $V_1 \sim V_4$ 的驱动脉冲信号 $u_{g1,4}$、$u_{g2,3}$ 和输出电压 u_o 的波形如图 4.8 所示。

输出电压 u_o 的傅里叶级数展开式为

$$u_o = \sum_{n=1,3,5,\cdots}^{\infty} \frac{4U_d}{n\pi}\sin n\omega t$$

其中,基波的幅值 U_{olm} 为

$$U_{olm} = \frac{4U_d}{\pi} = 1.27U_d$$

有效值 U_{ol} 为

$$U_{ol} = \frac{U_{olm}}{\sqrt{2}} = 0.9U_d$$

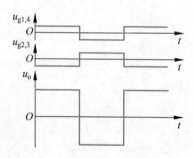

图 4.8 方波控制时驱动脉冲信号和
输出电压波形

例 4-2 单相桥式逆变电路如图 4.9(a)所示,逆变电路输出电压 u_o 为如图 4.9(b)所示的方波。已知 $E = 110\mathrm{V}$,逆变电路频率 $f = 100\mathrm{Hz}$,负载 $R = 10\Omega$,$L = 0.02\mathrm{H}$。求输出电压基波分量有效值、输出电流基波分量有效值和输出电流有效值。

解:(1)对图 4.9(b)中输出电压 u_o 展开成傅里叶级数为

$$u_o = \sum_{n=1,3,5,\cdots}^{\infty} \frac{4E}{n\pi}\sin n\omega t$$

其中,基波分量为

$$U_{ol} = \frac{4E}{\pi}\sin\omega t$$

基波分量的有效值为

$$U_{ol} = \frac{4E}{\sqrt{2}\pi} = \frac{4 \times 110}{\sqrt{2}\pi} \approx 99\mathrm{V}$$

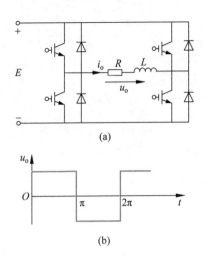

图 4.9　桥式逆变电路原理图和输出电压波形

（2）基波阻抗为

$$Z_1 = \sqrt{R^2 + (\omega L)^2} = \sqrt{10^2 + (2\pi \times 100 \times 0.02)^2} \approx 16.05\Omega$$

则所求输出电流的基波分量有效值为

$$I_{\text{o}1} = \frac{U_{\text{o}1}}{Z_1} = \frac{99}{16.05} \approx 6.17\text{A}$$

（3）因谐波电流幅值太小可以忽略不计，这里只考虑 9 次以上的谐波，故根据公式

$$Z_i = \sqrt{R^2 + (i\omega L)^2}, \quad i = 3, 5, 7, 9$$

计算得到 $Z_3 \approx 39\Omega, Z_5 \approx 63.6\Omega, Z_7 \approx 88.56\Omega, Z_9 \approx 113.54\Omega$。

根据

$$I_i = \frac{U_{\text{o}i}}{iZ_{\text{o}i}}, \quad i = 3, 5, 7, 9$$

得到 $I_3 \approx 0.85\text{A}, I_5 \approx 0.31\text{A}, I_7 \approx 0.16\text{A}, I_9 \approx 0.097\text{A}$。所以，输出电流有效值为

$$I \approx \sqrt{I_{\text{o}1}^2 + I_3^2 + I_5^2 + I_7^2 + I_9^2} \approx 5.41\text{A}$$

4.2.3　三相电压型逆变电路

前两节介绍的单相逆变电路满足了单相交流负载的要求，当负载是三相交流运行时就需要三相逆变电路，应用最广泛的就是三相桥式逆变电路。如图 4.10 所示，三相电压型桥式逆变电路可以看作由三个单相半桥逆变电路组成。由于是电压型逆变电路，直流电源两侧并联一个直流母线电容，为了分析电路将其看作是两个电容串联，得到假想中点 N′。三相负载可以是星形连接或三角形连接，形成负载中点 N。开关管 V_1、V_3、V_5及其反并联的续流二极管组成上桥臂，开关管 V_2、V_4、V_6 及其反并联的续流二极管组成下桥臂，三个桥臂从左到右依次为 U 相、V 相、W 相。

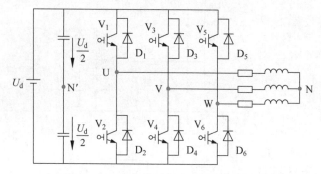

图 4.10　三相电压型桥式逆变电路原理图

三相电压型逆变电路采用 180°导通方式,即同一相的上下两桥臂交替导通 180°,U、V、W 三相分别以 120°的角度差导通。开关管的具体导通顺序如图 4.11 所示。可以看出,每个瞬间有 3 个桥臂同时导通,但同一相的上下两桥臂不能同时导通。如果同时导通,将会造成电源短路,因此要待一只开关管关断后再给另一只开关管导通信号。

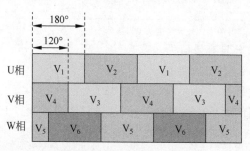

图 4.11　180°导通方式

对于 U 相,当 V_1 导通时假想中点的相电压 $u_{UN'} = \dfrac{U_d}{2}$,V_4 导通时 $u_{UN'} = -\dfrac{U_d}{2}$,V 相、W 相同理。所以根据开关管的导通顺序形成 3 个同样的方波交流相电压,但 $u_{VN'}$ 滞后 $u_{UN'}$120°,$u_{WN'}$ 滞后 $u_{VN'}$120°,如图 4.12(a)、(b)、(c)所示。

根据相电压可以得到负载线电压,U 相、V 相之间的负载线电压 u_{UV} 为

$$u_{UV} = u_{UN'} - u_{VN'} \tag{4.12}$$

由图 4.12(d)所示的 u_{UV} 的波形可以看出,线电压是一个三电平的方波。

U 相负载中点的相电压 u_{UN} 为

$$u_{UN} = u_{UN'} - u_{NN'} \tag{4.13}$$

其中,$u_{NN'}$ 为负载中点 N 和假想中点 N′之间的电压,由于负载是三相对称负载,可以表示为

$$u_{NN'} = \frac{1}{3}(u_{UN'} + u_{VN'} + u_{WN'}) \tag{4.14}$$

$u_{NN'}$、u_{UN} 的波形如图 4.12(e)、(f)所示,可以看出,负载相电压由 $\pm\dfrac{U_d}{3}$、$\pm\dfrac{2U_d}{3}$ 4 种电平

组成。

　　三相电压型桥式逆变电路的换流原理与单相电压型逆变电路相似。正向驱动脉冲来临时，由于反向电流的作用，开关管并不能立即导通，而是通过续流二极管导通续流，待该相阻感负载放电结束时开关管才导通。因此，根据该原理及 u_{UN} 的波形得到 U 相电流 i_U 的波形，如图 4.12(g)所示。同理，i_V、i_W 的波形与 i_U 的波形相同，并依次滞后 120°。相电流近似正弦波，但含有一定的谐波，且波形与相位都与负载阻抗角有关。将 U、V、W 三相的相电流合并，会得到更逼近正弦波的三相正弦电流。将所有上桥臂的电流加起来，得到直流侧电流 i_d，如图 4.12(h)所示，为在基波的基础上 6 次脉动的形式。

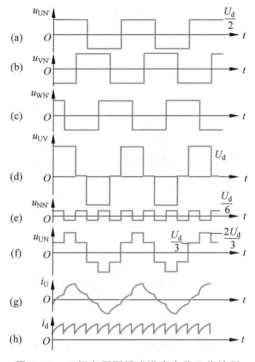

图 4.12　三相电压型桥式逆变电路工作波形

　　负载线电压 u_{UV} 的傅里叶级数展开形式为

$$u_{UV} = \frac{2\sqrt{3}U_d}{\pi}\left(\sin\omega t + \sum_n \frac{1}{n}(-1)^k \sin n\omega t\right), \quad n = 6k \pm 1, k = 1, 2, 3, \cdots \quad (4.15)$$

有效值为

$$U_{UV} = \sqrt{\frac{1}{2\pi}\int_0^{2\pi} u_{UV}^2 d(\omega t)} = 0.816U_d \quad (4.16)$$

基波幅值 U_{UVlm} 和基波有效值 U_{UVl} 分别为

$$U_{UVlm} = \frac{2\sqrt{3}U_d}{\pi} = 1.1U_d \quad (4.17)$$

$$U_{UVl} = \frac{U_{UVlm}}{\sqrt{2}} = \frac{\sqrt{6}U_d}{\pi} = 0.78U_d \tag{4.18}$$

负载相电压 u_{UN} 的傅里叶级数展开形式为

$$u_{UN} = \frac{2U_d}{\pi}\left(\sin\omega t + \sum_n \frac{1}{n}\sin n\omega t\right), \quad n = 6k \pm 1, k = 1, 2, 3, \cdots \tag{4.19}$$

有效值为

$$U_{UN} = \sqrt{\frac{1}{2\pi}\int_0^{2\pi} u_{UN}^2 \mathrm{d}(\omega t)} = 0.471U_d \tag{4.20}$$

基波幅值 U_{UNlm} 和基波有效值 U_{UNl} 分别为

$$U_{UNlm} = \frac{2U_d}{\pi} = 0.637U_d \tag{4.21}$$

$$U_{UNl} = \frac{U_{UNlm}}{\sqrt{2}} = \frac{\sqrt{2}U_d}{\pi} = 0.45U_d \tag{4.22}$$

例 4-3 若三相电压型逆变电路采用 120°导通方式,画出 $V_1 \sim V_6$ 的驱动脉冲信号及输出相电压 u_{UN} 波形,并计算 u_{UN} 的有效值和基波有效值。

解：120°导通方式指电路中开关管的驱动信号为 120°的方波,上、下桥臂的三只开关管都以 120°的间隔顺序导通,各开关管导通相隔 60°,脉冲信号 $u_{g1} \sim u_{g6}$ 及 u_{UN} 的波形如图 4.13 所示。

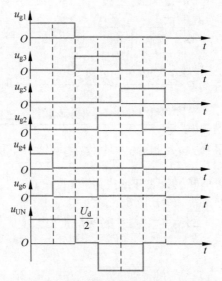

图 4.13 120°导通方式的驱动脉冲信号和输出相电压波形

对输出相电压 u_{UN} 进行傅里叶级数展开：

$$u_{UN} = \frac{\sqrt{3}U_d}{\pi}\left(\sin\omega t + \sum_n \frac{1}{n}(-1)^k \sin n\omega t\right)$$

其中, $n = 6k \pm 1, k = 1, 2, 3, \cdots$, 输出相电压的有效值 U_{UN} 为

$$U_{\mathrm{UN}} = \frac{\sqrt{2} U_{\mathrm{d}}}{2\sqrt{3}} = 0.408 U_{\mathrm{d}}$$

基波有效值 U_{UN1} 为

$$U_{\mathrm{UN1}} = \frac{\sqrt{3} U_{\mathrm{d}}}{\sqrt{2} \pi} = 0.390 U_{\mathrm{d}}$$

例 4-4　三相电压型逆变电路采用 180°导通方式, $U_{\mathrm{d}} = 100\mathrm{V}$。求输出相电压的基波幅值和有效值,输出线电压的基波幅值和有效值,输出线电压中 5 次谐波的有效值。

解：由题可知,输出相电压的基波幅值 U_{UN1m} 为

$$U_{\mathrm{UN1m}} = \frac{2 U_{\mathrm{d}}}{\pi} = 0.637 U_{\mathrm{d}} = 63.7\mathrm{V}$$

基波有效值 U_{UN1} 为

$$U_{\mathrm{UN1}} = \frac{U_{\mathrm{UN1m}}}{\sqrt{2}} = \frac{\sqrt{2} U_{\mathrm{d}}}{\pi} = 0.45 U_{\mathrm{d}} = 45\mathrm{V}$$

输出线电压的基波幅值 U_{UV1m} 为

$$U_{\mathrm{UV1m}} = \frac{2\sqrt{3} U_{\mathrm{d}}}{\pi} = 1.1 U_{\mathrm{d}} = 110\mathrm{V}$$

基波有效值 U_{UV1} 为

$$U_{\mathrm{UV1}} = \frac{U_{\mathrm{UV1m}}}{\sqrt{2}} = \frac{\sqrt{6} U_{\mathrm{d}}}{\pi} = 0.78 U_{\mathrm{d}} = 78\mathrm{V}$$

输出线电压中 5 次谐波的有效值 U_{UV5} 为

$$U_{\mathrm{UV5}} = \frac{U_{\mathrm{UV1}}}{5} = 15.6\mathrm{V}$$

4.2.4　电压型逆变电路的特点

结合前面单相和三相电压型逆变电路的分析,可以发现电压型逆变电路主要有以下特点：

(1) 直流侧并联大电容作储能(滤波)元件,逆变电路呈现低内阻特性。但当逆变电路发生故障短路时,由于电容电压不能突变,电流瞬间快速上升,很有可能会损坏到器件,需要增加外部保护来切断驱动信号使器件关断。

(2) L、R、C 三者串联构成的振荡回路,使电路具有对偶的性质,由于直流电压源的钳位作用,交流侧输出电压波形为矩形波,并且与负载阻抗角无关。而交流侧输出电流波形和相位因负载阻抗情况的不同而不同。

(3) 当交流侧为阻感负载时需要提供无功功率,直流侧电容起缓冲无功能量的作用。逆变桥各臂都要并联反馈(无功)二极管,给负载提供感性无功电流通路。

（4）直流侧电压基本无脉动,交流侧向直流侧传送的功率是脉动的,且脉动情况与直流侧电流相似。

4.3 电流型逆变电路

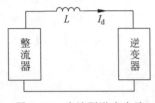

图 4.14 电流型逆变电路

与电压型逆变电路相对,直流侧电源为电流源的逆变电路称为**电流型逆变电路**（Current Source Inverter,CSI）。但实际中理想的直流电流源很少见,当直流回路采用大电感滤波时,电感使逆变电路输入电流 I_d 波动很小,具有电流源的性质,可看作直流电流源,如图 4.14 所示。电流型逆变电路结构简单,发生短路时危险性较小,适用于频繁加减速、正反转等对动态要求较高、调速范围大的交流调速系统。

4.3.1 单相电流型逆变电路

单相电流型逆变电路如图 4.15(a)所示,开关管 $VT_1 \sim VT_4$ 为反向阻断型 GTO。为了限制开关管导通时的电流上升速率,VT_1 和 VT_4 分别与电抗器 $L_{T1} \sim L_{T2}$ 串联组成 4 个桥臂,由于直流侧电感 L_d 起缓冲无功能量的作用,开关管两端不需要反并联二极管。电阻 R 和电感 L 组成逆变电路的阻感负载,电容 C 是并联在负载两端的补充电容器,与负载一起构成并联谐振电路,所以该电路又称为并联谐振式逆变电路。并联谐振

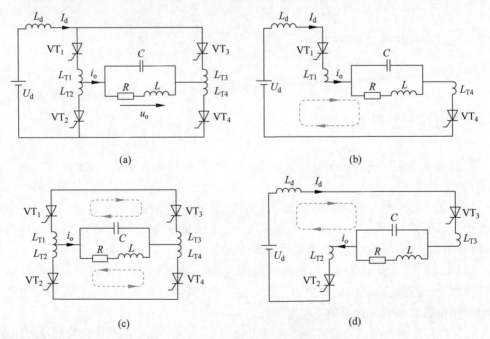

图 4.15 单相电流型逆变电路原理图

电路的谐振频率为 $1000\sim2500\mathrm{Hz}$，略低于开关管的导通频率。电容 C 处于过补偿状态，使并联谐振回路的电流，也就是负载电流 i_o，领先于负载电压 u_o，即对通过的信号呈容性。电流领先电压的大小取决于电容的补偿程度。电路的工作原理分析如下：

t_1 时刻，VT_1 和 VT_4 稳定导通，形成如图 4.15(b) 所示的回路。回路中，负载电流恒为 I_d，电容 C 一直充电，使负载电压正向增大、反向减小，VT_2 和 VT_3 两端的电压近似等于负载电压。

t_2 时刻，给 VT_2 和 VT_3 驱动脉冲信号，它们承受正向电压而导通；由于电抗器和正向电流的作用，VT_1 和 VT_4 不会立刻关断。4 只开关管同时导通，两端电压都近似为零，电容 C 放电，形成如图 4.15(c) 所示的两个放电回路。放电过程中，正向负载电流和负载电压逐渐减小。

t_3 时刻，流经 VT_1 和 VT_4 的电流减至零使其关断，如图 4.15(d) 所示，由稳定导通的 VT_2 和 VT_3 组成一个新的回路。负载电流为 $-I_\mathrm{d}$，电容 C 继续放电，故负载正向电压继续减小，VT_1 和 VT_4 承受反向电压。

t_4 时刻，电容放电完毕，之后直流侧电源放电，负载电压反向增大，负载电流恒定不变，仍为 $-I_\mathrm{d}$。

t_5 时刻，因为 VT_1 和 VT_4 两端为正向电压，所以在该时刻接收到驱动脉冲信号立刻导通，之后进行与 $t_2\sim t_3$ 时间段相似的换流过程，直至 VT_1 和 VT_4 稳定导通。至此，单相电流型逆变电路完成一个工作周期，期间有两个稳定导通阶段和两个换流阶段。

单相电流型逆变电路的工作波形如图 4.16 所示。由于电流型逆变电路的负载电路对谐波的低阻抗，负载电压的波形接近正弦波，负载电流的波形接近矩形波。为了保证逆变成功，需要保证开关管可靠关断，所以开关管关断后需要承受一段时间反压降。

将图 4.16(a) 中负载电流的波形近似看成矩形波，其傅里叶级数展开形式为

$$i_\mathrm{o}=\frac{4I_\mathrm{d}}{\pi}\sum_{n=1,3,5,\cdots}^{\infty}\frac{1}{n}\sin n\omega t \qquad (4.23)$$

基波有效值为

$$I_\mathrm{o1}=\frac{4I_\mathrm{d}}{\sqrt{2}\,\pi}=0.9I_\mathrm{d} \qquad (4.24)$$

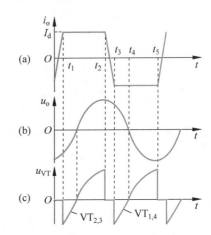

图 4.16　单相电流型逆变电路工作波形

4.3.2　三相电流型逆变电路

三相桥式电流型逆变电路如图 4.17(a) 所示，其交流侧的 3 个电容是为了吸收换流时负载电感中的储能。电路上桥臂的 3 只开关管 VT_1、VT_3、VT_5 相隔 $120°$ 依次导通，下桥臂的开关管 VT_6、VT_2、VT_4 相隔 $120°$ 依次导通，一个周期内 6 只开关管各导通一次，

每个导通 120°,同一时刻各有一个上、下桥臂导通,上下桥臂之间的导通相隔 60°,称为
120°导通方式,如图 4.17(b)所示。

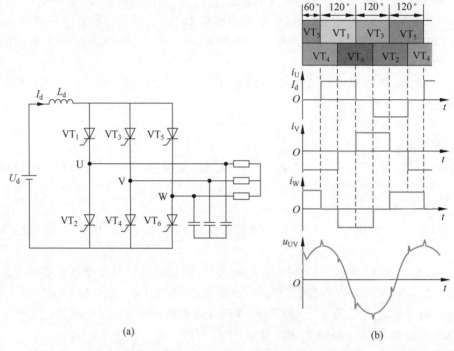

(a)   (b)

图 4.17　三相桥式电流型逆变电路原理图及工作波形

根据电流型逆变电路直流侧电源的性质和开关管的导通顺序,得到幅值等于直流侧
电流 I_d,正负脉冲宽度均为 120°的方波交流输出电流,U、V、W 三相的输出电流依次相
差 60°,且波形与负载性质无关,频率取决于开关管的循环工作周期。交流输出电压波形
为正弦波,但受换流过程中较高的电流变化速率影响,会叠加一些小脉冲。

上述三相电流型逆变电路的主要开关器件是晶闸管,实际应用已越来越少,下面介
绍在中大功率交流电动机调速系统中有较多应用的串联二极管式晶闸管逆变电路,如
图 4.18(a)所示。

该电路由晶闸管和二极管并联组成三相逆变桥,导电方式和输出波形与三相桥式电
流型逆变电路相似,不同的是每个桥臂上的晶闸管需要串联一只二极管,而且由换流电
容 $C_1 \sim C_6$ 连接各桥臂,为开关管提供反向关断电压。将 C_3 和 C_5 串联后再与 C_1 并联
的等效电容记为 C_{13}。图 4.18(b)给出了 VT_3 和 VT_1 换流过程中各换流电容电压
$u_{C_{13}}$、u_{C_3}、u_{C_5} 的波形和相电流 i_U、i_V 的波形,u_{C_1} 的波形与 $u_{C_{13}}$ 完全相同。

$t_1 \sim t_2$ 时刻的恒流放电阶段直流电源放电,电流从电源正极出发,流经晶闸管 VT_3、
电容 C_1、二极管 D_1、U 相绕组、W 相绕组、二极管 D_6、晶闸管 VT_6,最后流回直流电源负
极。该过程中,相电流恒为 I_d,$u_{C_{13}}$ 由 U_{C_0} 降到 0。$t_2 \sim t_3$ 时刻为二极管换流阶段,电容
C_1 通过上述回路反向充电,使 D_1 截止,D_3 导通。随着 $u_{C_{13}}$ 的充电电压不断增高,i_V 逐

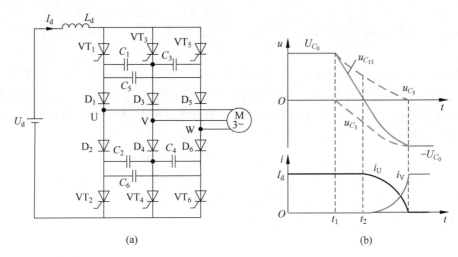

图 4.18 串联二极管式晶闸管逆变电路及工作波形

渐增大到 I_d，$i_U = I_d - i_V$ 逐渐减小至 0。整个过程中，由于 C_3 和 C_5 串联后再与 C_1 并联，它们的充放电电流、电压变化均为 C_1 的一半。

4.3.3 电流型逆变电路的特点

电流型逆变电路主要有以下特点：

(1) 直流侧串联有大电感，相当于电流源。直流侧电流基本无脉动，直流回路表现为高阻抗。

(2) 电路中开关器件的作用仅是改变直流流通路径，因此交流侧输出电流为矩形波，并且与负载阻抗角无关。而交流侧输出电压波形和相位则因负载阻抗情况的不同而不同。

(3) 当交流侧为阻感负载时需要提供无功功率，直流侧电感起缓冲无功能量的作用。因为反馈无功能量时直流电流并不反向。

4.4 逆变电路的 SPWM 控制

由于 PWM 技术具有电路简单，同时实现变频、变压及抑制谐波，系统动态响应速度快等优点，被广泛应用于逆变电路中。随着电子技术的发展，出现了多种 PWM 技术，当输出的矩形脉冲序列的脉冲宽度按正弦规律变化并与正弦波等效时称为**正弦脉宽调制**（SPWM）技术，其在逆变电路中的应用大大降低了逆变电路输出谐波含量（特别是低次谐波），是最常用的脉宽调制技术之一。本节以单相电压型 SPWM 逆变电路为例，讲述 SPWM 控制在逆变电路中的应用。

4.4.1 面积等效原理

面积等效原理指冲量(面积)相等而形状不同的窄脉冲加在具有惯性的环节上时,该环节的输出响应波形基本相同。不论是矩形脉冲、三角脉冲,还是其他脉冲,只要它们的面积相等即可在惯性环节上产生相同的效果。如果把各输出波形用傅里叶变换分析,则其低频段非常接近,仅在高频段略有差异。

在逆变电路的 SPWM 控制中,窄脉冲为矩形脉冲,希望的交流输出波为正弦波,用矩形脉冲宽度按正弦规律变化且与正弦波等效的 SPWM 波控制电路中开关管的通断,使输出的脉冲电压的面积与希望正弦波在相应时间内的面积相等。

如图 4.19 所示,将周期为 T_s 的正弦波 $u_s = A\sin\omega t$ 按时间均分为 $2N$ 等份,每份时间宽度为

$$\Delta t = \frac{T_s}{2N} \tag{4.25}$$

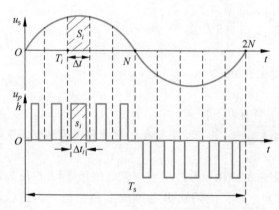

图 4.19 利用面积等效原理产生 SPWM 波形

把这些脉冲用 $2N$ 个等幅不等宽的矩形脉冲来表示,根据面积等效原理可得 $S_i = s_i(i=1,2,\cdots,N)$,即

$$\int_{T_i}^{T_i+\Delta t} A\sin\omega t\, \mathrm{d}(\omega t) = \Delta t_i \times h \tag{4.26}$$

则第 i 个矩形脉冲的时间宽度为

$$\Delta t_i = \frac{1}{h}\int_{T_i}^{T_i+\Delta t} A\sin\omega t\, \mathrm{d}(\omega t) \tag{4.27}$$

由于矩形脉冲的中点和相应正弦脉冲的中点重合,可以据此确定每个矩形脉冲的高低电平持续时间。

4.4.2 SPWM 原理

SPWM 控制使交流传动在大功率、高精度、高动态响应等工业领域的应用成为可能,

接下来介绍 SPWM 原理。图 4.20(a)中正弦波 u_r 是希望输出的波形,将其看作调制波,等腰三角波(或矩形波)u_c 看作载波,两个波形作为比较器的输入信号,在它们的交点处产生使电路开关器件开通、关断的触发脉冲。

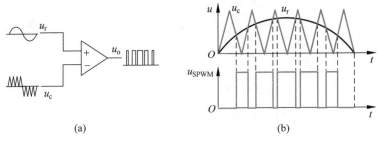

图 4.20　SPWM 原理

如图 4.20(b)所示,当 $u_r > u_c$ 时输出高电平,当 $u_r < u_c$ 时输出低电平,u_{SPWM} 为比较器在正弦波正半周输出的 SPWM 波形。根据 u_{SPWM} 控制逆变电路开关器件的导通和关断,获得所需要高频的调制脉冲波,并配置低通滤波环节,就能够达到逆变输出低频正弦交流波的要求。因此,调节调制波的幅值和频率就可以实现调节交流输出电压的大小和频率,不再需要调控直流电源电压。定义调制波幅值 U_{rm} 与载波的幅值 U_{cm} 之比为**调制比** M,即

$$M = \frac{U_{rm}}{U_{cm}} \tag{4.28}$$

4.4.3　调制法

调制法一般分为单极性调制和双极性调制,以单相桥式 SPWM 逆变电路为例分别介绍两种方法。单相桥式 SPWM 逆变电路是在图 4.6(a)所示的单相电压型全桥式逆变电路的基础上,由调制波 u_r 和载波 u_c 组成的调制电路控制开关器件通断,得到等效正弦波的脉宽调制波。

图 4.21 是单极性 SPWM 调制方法,u_{o1} 是输出交流电压的基波分量。在调制波 u_r 的正半周,三角载波 u_c 为正,V_1 持续导通,V_2 持续关断。$u_r > u_c$ 时,驱动 V_4,若负载电流 $i_o > 0$,负载电压 $u_o = U_d$;若负载电流 $i_o < 0$,二极管 D_1 和 D_4 形成续流回路,负载电压仍为 U_d。$u_r < u_c$ 时,驱动 V_3,关断 V_4,若 $i_o > 0$,V_1 和 D_3 形成续流回路,$u_o = 0$;若 $i_o < 0$,D_1 和 V_3 续流,u_o 仍为 0。可见,在正半周期,得到 U_d 和 0 两种电平。同理,在调制波 u_r 的负半周,三角载波 u_c 为负,V_2 持续导通,$u_r > u_c$ 时驱动 V_4,$u_r < u_c$ 时驱动 V_3,得到 $-U_d$ 和零电平。

图 4.22 是双极性 SPWM 调制方法。与单极性调制方法相同,在载波 u_c 和调制波 u_r 的交点时刻产生控制开关器件的驱动脉冲和关断脉冲。但双极性调制方法中,载波为有正负极性的三角波,调制波的正负半周开关器件通断的控制规律相同,V_1、V_4 和 V_2、

V_3 驱动脉冲始终互补。当 $u_r > u_c$ 时，V_1 和 V_4 导通，V_2 和 V_3 关断，$u_o = U_d$；当 $u_r < u_c$ 时，V_1 和 V_4 关断，V_2 和 V_3 导通，$u_o = -U_d$。

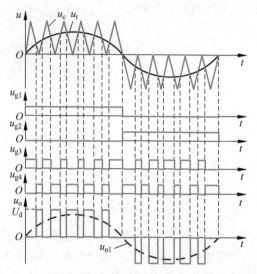

图 4.21　单极性 SPWM 调制

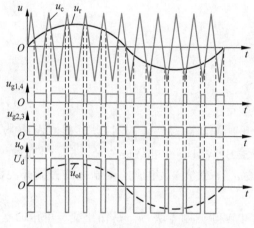

图 4.22　双极性 SPWM 调制

当调制比 $M \leqslant 1$ 时，双极性调制输出的交流电压基波幅值可以近似为

$$U_{lm} \approx M U_d \qquad (4.29)$$

基波有效值为

$$U_{ol} = \frac{U_{olm}}{\sqrt{2}} = 0.707 U_d \qquad (4.30)$$

单极性调制在半周内只有单一极性的输入脉冲，输出电压的基波较高，所包含的高次谐波含量要小得多，较双极性调制更接近正弦波。单极性调制相比双极性调制多了零电平，在零电平时，单极性调制的电流变化率远小于双极性调制，因此开关管通断频率也

远低于双极性调制。双极性调制在半周内有正负输出电压,虽然输出电压基波值低,但调制灵敏度较高,在 SPWM 波的产生和驱动电路的结构方面都比较简单易控制,因此应用也更广泛。

定义载波频率 f_c 与调制波频率 f_r 之比为**载波比 N**,即

$$N = \frac{f_c}{f_r} = \frac{f_c}{f_o} = \frac{T_r}{T_c} \tag{4.31}$$

其中,f_o 为输出交流波频率,T_r 和 T_c 分别为调制波周期、载波周期。根据载波比的不同情况,调制方式还可分为异步调制和同步调制。

异步调制指载波和调制波不保持同步的调制方式,通常载波频率 f_c 保持不变,调制波频率 f_r 可调,载波比 N 随之变化。同时,在调制波的半周期内,脉冲个数不固定,相位也不固定,而且正负半周期的脉冲不对称,致使输出电压产生附加谐波。高频时,载波比 N 较低,半周期内的脉冲个数较少,不对称影响更大。因此异步调制时要求载波频率 f_c 高一些,保持更高的载波比 N,有足够的脉冲个数缓冲不对称影响,使输出波形更接近正弦波。

同步调制指在变频时载波和调制波保持同步的调制方式。即调制波频率 f_r 变化时,载波频率 f_c 也相应变化,载波比 N 等于常数,因此交流输出电压在半周期内的脉冲个数是固定的,相位也是固定的,并且为了保持输出波形对称,载波比 N 取奇数。当输出频率很低时,载波频率 f_c 较小,脉冲个数也较少,输出波形将含有较多的低次谐波。提高频率可达到降低谐波的目的,但开关损耗与输出频率成正比,载波频率 f_c 过高,使开关损耗增大。因此,同步调制存在低谐波与高损耗之间的矛盾。

实用中通常采取分段同步调制的方法,即将交流输出的频率划分为若干段,各段采用不同的载波比 N,相当于异步调制。在载波比恒定的频段内,相当于采用同步调制的方法,保持载波比不变。在输出位于低频段时,采用较高的载波比,把谐波的影响降到最小;位于高频段时采用较低的载波比,使开关器件的开关频率控制在开关损耗允许的范围内,从而充分利用器件的开关能力,获得较好的波形输出。

4.4.4 规则采样法

在模拟控制电路中,用比较器比较正弦调制波和三角载波,当两者相等时改变驱动脉冲来控制开关器件的通断,从而生成 SPWM 波形的方法称为**自然采样法**。在微机控制的变频器中,自然采样法直接计算正弦波和三角波的交点,所得到的 SPWM 波形很接近正弦波。缺点在于计算时间较长,难于应用于实时控制过程。相对于自然采样法相比,规则采样法在达到较高采样精度效果情况下,计算量明显减少,在工程实际中应用较为广泛。

图 4.23 为通过规则采样法得到的 SPWM 波形,与图 4.22 所示采用自然采样法得到的波形是非常接近的。以图 4.23 中的一个采样周期为例,规则采样法取等腰三角波 u_c 的两个正峰值之间为一个采样周期 T_c,在三角波一周期的中点(负峰值)时刻 t_D 采样

正弦波 u_r 的值,并得到三角波该周期内为此值的时刻 t_A 和 t_B,即为开关器件通断的时刻。

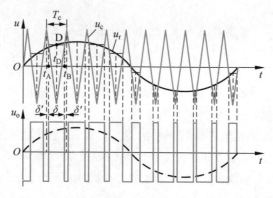

图 4.23　规则采样法

设 $u_r = M\sin\omega_r t$,其中 $0 \leqslant M < 1$,ω_r 为正弦波 u_r 的角频率,在一周期内由规则采样法得到脉冲宽度为 δ 的输出波,可得

$$\frac{1 + M\sin\omega_r t_D}{\delta/2} = \frac{2}{T_c/2} \tag{4.32}$$

所以脉冲宽度可以表示为

$$\delta = \frac{T_c}{2}(1 + M\sin\omega_r t_D) \tag{4.33}$$

该周期内脉冲两边的间隙宽度 δ' 为

$$\delta' = \frac{1}{2}(T_c - \delta) = \frac{T_c}{4}(1 - M\sin\omega_r t_D) \tag{4.34}$$

在三相桥式逆变电路中使用规则采样法时,一个周期内三相的脉冲宽度相等,三者之和为采样周期 T_c 的 $\frac{3}{2}$ 倍,三相脉冲两边的间隙之和为采样周期 T_c 的 $\frac{3}{4}$ 倍。

4.5　无源逆变电路的 Multisim 仿真

为进一步验证分析上述逆变电路的性能,本节以单相电压型全桥式 SPWM 逆变电路为例进行 Multisim 仿真实验与分析说明。

4.5.1　SPWM 产生电路 Multisim 仿真

在 Multisim 中搭建的 SPWM 产生电路如图 4.24 所示,采用 LM339AJ 比较器调制得到触发脉冲,函数发生器 XFG1 和 XFG2 分别产生频率 50Hz、振幅 4V 的正弦调制波和频率 1kHz、占空比 50%、振幅 5V 的等腰三角载波。通过比较器产生的波形如图 4.25 所示,当调制波大于载波的时间段产生正电平,调制波小于载波的时间段产生负电平。

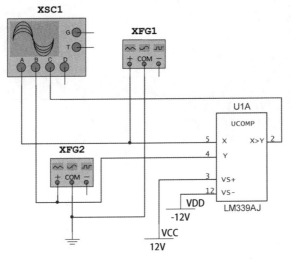

图 4.24　SPWM 产生电路

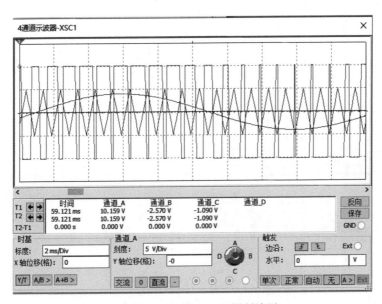

图 4.25　双极性 SPWM 调制波形

4.5.2　SPWM 逆变电路 Multisim 仿真

单相电压型全桥式 SPWM 逆变电路如图 4.26 所示,其中输入直流电压源为 12V,两侧并联电容 $C=1\mu F$,电感 $L=1mH$,电阻 $R=1000\Omega$,二极管 $D_1 \sim D_4$ 选用 1N5719,开关管 $Q_1 \sim Q_4$ 选用 2N6975,Q_1 和 Q_4、Q_2 和 Q_3 的栅极分别受由双极性 SPWM 调制方法得到的相反触发脉冲控制,触发脉冲如图 4.27 所示。

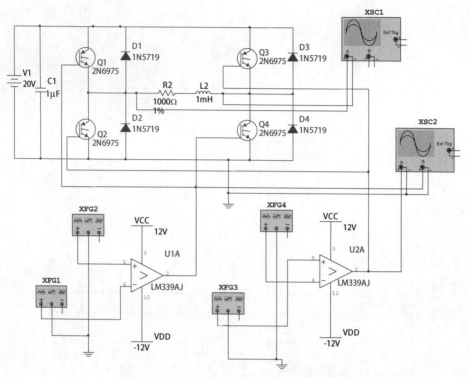

图 4.26　单相电压型全桥式 SPWM 逆变电路

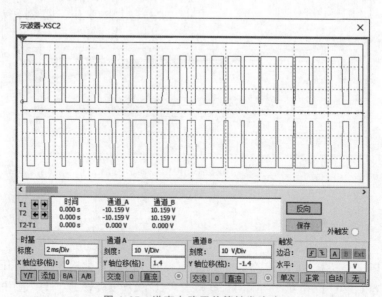

图 4.27　逆变电路开关管触发脉冲

进行电路仿真,逆变电路的输出电压波形如图 4.28 所示,与 SPWM 波形相似。虽然输出电压是按照正弦波规律变化的脉宽调制波,但是与期望的正弦波还有一定差距。一般可以通过增大电感的感量或增大三角调制波的频率以改变开关管的通断频率来使输出交流电压更接近正弦波。但在实际应用中,电感的体积随其感量的增大而增大,所以为了使逆变电路更轻便,尽量不增加电感感量。同时,三角调制波的频率也不能过高,否则 SPWM 波形会丢失脉冲,进而影响输出交流波形。

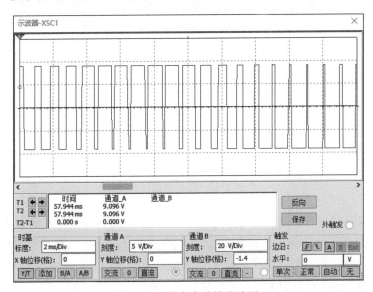

图 4.28 逆变电路输出波形

本章小结

本章首先介绍逆变电路的基本工作原理,利用开关器件自身的关断能力形成不同的换流回路,达到将直流电转换为交流电的目的。所述的无源逆变电路都是基于此原理,通过改变电路结构及其元器件实现不同的逆变要求。本章按照直流侧电源性质将逆变电路分为电压型逆变电路和电流型逆变电路两类,电压型逆变电路主要介绍单相半桥式逆变电路、单相全桥式逆变电路、三相桥式逆变电路,电流型逆变电路主要介绍单相逆变电路、三相逆变电路和串联二极管式晶闸管逆变电路。根据每个电路的性质,对其换流过程和工作波形进行具体的分析说明。认识和理解这两种电路对分析和研究电力电子电路至关重要。

目前,除较大功率逆变设备外,大部分逆变电路都是 PWM 控制的。为了使读者对逆变电路有更完整的认识,本章从面积等效原理、SPWM 原理入手,以单相电压型 SPWM 逆变电路为例讲解 PWM 控制技术在逆变电路中的应用,最后通过 Multisim 仿真验证。

本章习题

1. 逆变电路的作用是什么？有哪些类型？

2. 单相电压型逆变电路中，电阻性负载和电感性负载对输出电压、电流有何影响？电路结构有哪些变化？

3. 电压型逆变电路中反馈二极管的作用是什么？为什么电流型逆变电路中没有反馈二极管？

4. 单相电压型全桥式逆变电路如果带电阻负载，采用脉冲移相控制方式，当输出电压波形如图 4.29 所示时，画出开关管承受的电压波形。

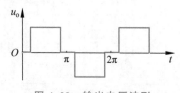

图 4.29　输出电压波形

5. 三相电压型逆变电路采用 $180°$ 导通方式，$U_d = 150V$。求输出相电压的基波幅值和有效值、输出线电压的基波幅值和有效值、输出线电压中 7 次谐波的有效值。

6. 串联二极管式晶闸管逆变电路中二极管的作用是什么？试分析环流过程。

7. 为了用图 4.30 所示的 $180°$ 通电型逆变电路（省略换流回路）产生相序为 U、V、W 的三相平衡输出电压，应按怎样的顺序触发晶闸管 $VT_1 \sim VT_6$？如果使相序反向，触发顺序又如何？

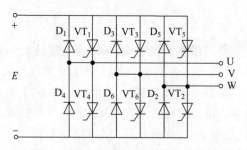

图 4.30　$180°$ 通电型逆变电路原理图

8. 试说明 PWM 控制的逆变电路的优点。

9. 在三相电压型逆变电路的 SPWM 调制方式中，单极性调制和双极性调制有何不同？

第

5

章

直流斩波电路

　　直流斩波电路(DC Chopper)也称为**直流-直流变换电路**(DC-DC Converter),其功能是改变和调节直流电的电压和电流,使直流电转变为另一种固定的或者可调的直流电。根据电路结构的不同,直流斩波电路包括降压斩波电路、升压斩波电路、升降压斩波电路、Cuk 斩波电路、Sepic 斩波电路和 Zeta 斩波电路等多种结构形式。此外,上述这些不同的基本斩波电路可组合构成复合斩波电路,包括半桥可逆斩波电路和全桥可逆斩波电路。本章主要介绍上述基本的直流斩波电路和复合斩波电路。

5.1　降压斩波电路

　　降压斩波电路(Buck Chopper)如图 5.1(a)或(b)所示,其中开关管 V 为主要控制元件,图中使用的是 IGBT;二极管 D 用于电路的续流;电感 L 起到储能和滤波的作用;电路的负载可采用电阻、电感或电容等负载,也可以是直流电动机电枢等。在后一种情况下,电路负载会出现反电动势,因此也称为反电动势负载,在图 5.1(b)中反电动势负载以直流伺服电动机为例。一般来说,电路的电感电流 i_L 是一直连续的,但如果占空比较小或电感较小,电感 L 将会储能不足,电感电流出现断续。根据电感电流在开关管 V 关断期间是否出现断续,可将降压斩波电路工作模式分为**电感电流连续模式**(CCM)和**电感电流断续模式**(DCM)。为简化分析,本章的电路分析中出现的开关器件均为理想器件,即不存在开通和关断延迟,且导通后的器件压降为零。

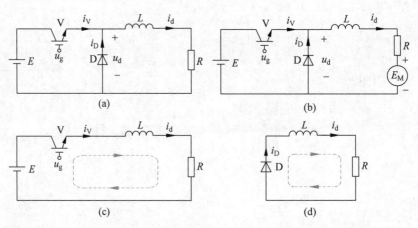

图 5.1　降压斩波电路原理图

5.1.1　电感电流连续模式

　　以图 5.1(a)所示电路为例,电感电流连续模式下,整个工作期间内流经电感 L 电流的绝对值一直大于或等于零。一般而言,周期性出现的电流为零且即刻转正的情况也被视为电感电流连续,通常称为**电流临界连续导通模式**(CRM),也视为电感电流连续模式的特殊情况。

1. 阻感负载

$t=0$ 时，给 IGBT 栅极施加驱动信号，IGBT 导通，如图 5.1(c)所示，此时电流从电源正极流经 IGBT 向负载供电，负载两端电压 $u_d=E$，二极管 D 截止。列出 IGBT 导通期间的电压方程

$$E=L\frac{\mathrm{d}i_d}{\mathrm{d}t}+Ri_d \tag{5.1}$$

假设 i_d 的初始值为 I_0，时间常数 $\tau=R/L$，求解上述方程(5.1)可得流经电感或 IGBT 的电流

$$i_d=i_V=I_0\mathrm{e}^{-\frac{t}{\tau}}+\frac{E}{R}(1-\mathrm{e}^{-\frac{t}{\tau}}) \tag{5.2}$$

在该时间区间内，电感储能，负载电流呈现式(5.2)中的指数曲线上升的趋势，至 $t=t_1$ 时刻，电流达到 I_{t1}。同时开关管关断，电路通过二极管 D 进行续流，负载电压 $u_d=0$，波形如图 5.2(c)所示，负载电压平均值为

$$U_d=\frac{T_{on}}{T_{on}+T_{off}}E=\frac{T_{on}}{T}E=\alpha E \tag{5.3}$$

式中，T 为开关周期，T_{on} 为一个开关周期内开关管 V 导通的时间，T_{off} 为开关管关断的时间。定义 $\alpha=\dfrac{T_{on}}{T}\leqslant 1$ 为**占空比**。由式(5.3)可知，电路输出负载电压的平均值 $U_d\leqslant E$，因而称其为降压斩波电路。同时可通过调节 α 的大小改变负载电压的平均值，减小 α 的数值，负载电压 U_d 的值同步减小。观察图 5.2(c)，负载电压存在较大的脉动，为减小脉动，可在负载电阻 R 两端并联一个滤波电容，当电容很大时，负载电压脉动非常小，可视为恒定值，但实际应用中由于电容大小存在限制，不能保证完全消除负载侧电压的脉动。

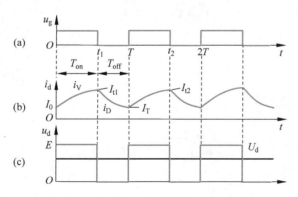

图 5.2　电感电流连续时降压斩波电路波形图(带阻感负载)

如图 5.1(d)所示，此时电感 L 放电，电流指数曲线下降，电流从电感流向电阻 R，经二极管 D 续流后流回电感负极。电流回路中电感 L 给电阻 R 供电，负载电流满足方程

$$0 = L\frac{\mathrm{d}i_{\mathrm{d}}}{\mathrm{d}t} + Ri_{\mathrm{d}} \tag{5.4}$$

i_{d} 初始值为 I_{t1}，求解方程(5.4)可得

$$i_{\mathrm{d}} = i_{\mathrm{D}} = I_{\mathrm{t1}}\mathrm{e}^{-\frac{t-T_{\mathrm{on}}}{\tau}} \tag{5.5}$$

当 $t = T$ 时，一个开关周期结束，开关管在栅极脉冲的驱动下再次导通和关断，重复上一周期的工作过程。在图 5.2(a)给定的驱动信号下，电流 i_{d} 的波形如图 5.2(b)所示，之后的每一个开关周期，开关管导通和关断时，i_{d} 的初始值都等于 I_0 和 I_{t1}。在第二个周期，则有 $I_{\mathrm{T}} = I_0$ 和 $I_{\mathrm{t2}} = I_{\mathrm{t1}}$。

2. 反电动势负载

如图 5.1(b)所示，在开关管 V 导通时的电路方程为

$$E = L\frac{\mathrm{d}i_{\mathrm{d}}}{\mathrm{d}t} + Ri_{\mathrm{d}} + E_{\mathrm{M}} \tag{5.6}$$

此时仍然假定电流初始值 $i_{\mathrm{d}} = I_0$，且时间常数 $\tau = R/L$，代入上式求解可得

$$i_{\mathrm{d}} = i_{\mathrm{V}} = I_0\mathrm{e}^{-\frac{t}{\tau}} + \frac{E - E_{\mathrm{M}}}{R}(1 - \mathrm{e}^{-\frac{t}{\tau}}) \tag{5.7}$$

当开关管 V 关断时，电感 L 放电并通过二极管 D 续流，满足

$$0 = L\frac{\mathrm{d}i_{\mathrm{d}}}{\mathrm{d}t} + Ri_{\mathrm{d}} + E_{\mathrm{M}} \tag{5.8}$$

以 I_{t1} 为关断时刻电流 i_{d} 的初始值，对上述方程求解，可得

$$i_{\mathrm{d}} = i_{\mathrm{D}} = I_{\mathrm{t1}}\mathrm{e}^{-\frac{t-T_{\mathrm{on}}}{\tau}} - \frac{E_{\mathrm{M}}}{R}(1 - \mathrm{e}^{-\frac{t-T_{\mathrm{on}}}{\tau}}) \tag{5.9}$$

在此开关周期内，带反电动势负载的降压斩波电路负载电压和电流的波形图与带阻感负载的情况下的波形图 5.2 相似，此处不再重复绘制。

当电感电流连续时，有

$$i_{\mathrm{d}}\big|_{t=T_{\mathrm{on}}} = I_{\mathrm{t1}} = I_0\mathrm{e}^{-\frac{T_{\mathrm{on}}}{\tau}} + \frac{E - E_{\mathrm{M}}}{R}(1 - \mathrm{e}^{-\frac{T_{\mathrm{on}}}{\tau}}) \tag{5.10}$$

$$i_{\mathrm{d}}\big|_{t=T} = I_{\mathrm{T}} = I_0 = I_{\mathrm{t1}}\mathrm{e}^{-\frac{T_{\mathrm{off}}}{\tau}} - \frac{E_{\mathrm{M}}}{R}(1 - \mathrm{e}^{-\frac{T_{\mathrm{off}}}{\tau}}) \tag{5.11}$$

令 $\rho = T/\tau, m = E_{\mathrm{M}}/E, t_1/\tau = \dfrac{t_1}{T}\dfrac{T}{\tau} = \alpha\rho$，联立上述两式可求得

$$I_0 = \left(\frac{\mathrm{e}^{\frac{t_1}{\tau}} - 1}{\mathrm{e}^{\frac{T}{\tau}} - 1}\right)\frac{E}{R} - \frac{E_{\mathrm{M}}}{R} = \left(\frac{\mathrm{e}^{\alpha\rho} - 1}{\mathrm{e}^{\rho} - 1} - m\right)\frac{E}{R} \tag{5.12}$$

$$I_{\mathrm{t1}} = \left(\frac{1 - \mathrm{e}^{-\frac{t_1}{\tau}}}{1 - \mathrm{e}^{-\frac{T}{\tau}}}\right)\frac{E}{R} - \frac{E_{\mathrm{M}}}{R} = \left(\frac{1 - \mathrm{e}^{-\alpha\rho}}{1 - \mathrm{e}^{-\rho}} - m\right)\frac{E}{R} \tag{5.13}$$

式中，I_0 和 I_{t1} 分别是负载电流的最小瞬时值和最大瞬时值，用对上述两式使用泰勒级数线性近似，可得在电感 L 无穷大时，负载电流完全平直时的电流平均值 I_d。

$$I_0 \approx I_{t1} \approx \frac{(\alpha - m)E}{R} = I_d \tag{5.14}$$

$$I_d = \frac{\alpha E - E_M}{R} \tag{5.15}$$

在负载电流平直的情况下，电源电流平均值 I_1 为

$$I_1 = \frac{T_{on}}{T} I_d = \alpha I_d \tag{5.16}$$

根据电路输入功率与输出功率相等，有

$$U_d I_d = E I_1 \tag{5.17}$$

因此负载电压的平均值为

$$U_d = \frac{E I_1}{I_d} = \frac{E \alpha I_d}{I_d} = \alpha E \tag{5.18}$$

在斩波电路中，如果占空比较大或者电感 L 足够大时，负载电流不会衰减至零，但占空比较小时，一旦电感 L 在开关管 V 导通期间储能不足，将会出现电感电流断续的模式。

5.1.2　电感电流断续模式

电感电流断续是指在一个开关周期内，电感的电流有一段时期等于零，因此出现了电流断流的情况。

1. 阻感负载

在开关管 V 导通时，电感 L 充电，由于电感的时间常数远大于电路的开关周期，因此电感电流可以视为线性增长，在 $t = t_1$ 时刻达到最大值。在开关管 V 关断后，电感 L 释放开关管导通期间储存的电能，电感电流下降，但由于占空比 α 较小或电感 L 不够大，电感在开关管导通期间储能不足，在 $t = T_{on} + t_x$ 且 $t < T$ 时负载电流已经下降至零，电流 i_d 和负载电压 u_d 的波形如图 5.3 所示。

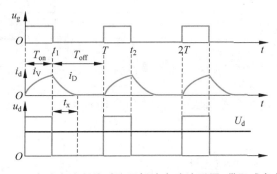

图 5.3　电感电流断续时降压斩波电路波形图（带阻感负载）

在开关周期内负载电压和电流的平均值为

$$U_d = \frac{T_{on}}{T}E = \alpha E \qquad (5.19)$$

$$I_d = \frac{U_d}{R} = \frac{\alpha E}{R} \qquad (5.20)$$

当电路处于临界连续导通模式时,在开关管关断期间内电感电流下降的绝对值为

$$\Delta i_L = \int_{t_1}^{T} \frac{U_d}{L} dt = \frac{U_d}{L}(T - t_1) = \frac{U_d}{L}(1 - \alpha)T \qquad (5.21)$$

同时,负载电流平均值 I_d 与 Δi_L 之间满足如下关系:

$$\Delta i_L = 2I_d \qquad (5.22)$$

联立式(5.20)~式(5.22),可得临界连续情况下的电感值

$$L_C = \frac{(1-\alpha)}{2}RT = \frac{U_d(1-\alpha)}{2I_d}T = \frac{U_d^2(1-\alpha)}{2P}T \qquad (5.23)$$

式中,$P = U_d I_d$ 为输出功率。

2. 反电动势负载

当电感 L 储能不足时,电流 i_d 在 $t = T_{on} + t_x$ 时刻出现断续,直至下一个开关周期电流一直保持为零,因此 $I_T = I_0 = 0$。当 $t = 0$ 时,开关管 V 导通,电源 E 给负载供电,电感 L 充电,负载电流上升,负载两端电压等于电源电压。当 $t = t_1$ 时,开关管 V 关断,电感 L 通过二极管 D 续流放电,负载电流下降。当 $t = T_{on} + t_x$ 时,电感 L 储能已全部释放,负载电流下降至零,此时由于负载连接有直流伺服电动机,负载侧电压 $u_d = E_M$,因此电流断续时负载电压平均值相比于电流连续时有所抬高。负载电流 i_d 和电压 u_d 的波形如图 5.4 所示。

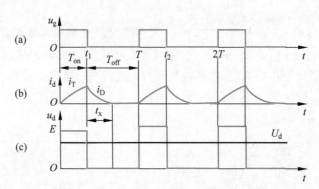

图 5.4　电感电流断续时降压斩波电路波形图(带反电动势负载)

当 $t = t_1 + t_x$ 时,$i_D = 0$,利用式(5.7)和式(5.9)可得

$$t_x = \tau \ln\left[\frac{1 - (1-m)e^{-\alpha\rho}}{m}\right] \qquad (5.24)$$

当开关周期还未结束时,电流断续,此时 $t_x < T_{off}$,因此可得电流断续的条件为

$$m > \frac{e^{\alpha\rho} - 1}{e^{\rho} - 1} \tag{5.25}$$

对于 Buck 斩波电路,可根据式(5.25)判断电路是否出现电感电流断续的情况。

在电感电流断续的模式下,当负载电流下降至零时,负载两端电压等于电动机反电动势,电路负载电压和电流的平均值分别为

$$U_d = \frac{T_{on}E + (T - T_{on} - t_x)E_M}{T} = \left[\alpha + \left(1 - \frac{T_{on} + t_x}{T}\right)m\right]E \tag{5.26}$$

$$I_d = \left(\alpha - \frac{T_{on} + t_x}{T}m\right)\frac{E}{R} = \frac{U_d - E_M}{R} \tag{5.27}$$

例 5-1 已知降压变压器如图 5.5 所示,其工作电压为 $10V < E < 20V$,输出电压为 5V,负载电阻将在 $1\Omega < R < 10\Omega$ 变化,求工作频率为 50kHz 和 10kHz 时的临界电感值。

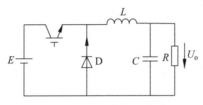

图 5.5 Buck 变换器电路

解:(1)占空比的范围:

$$\alpha = \frac{U_d}{E}, \quad \frac{U_d}{E_{max}} < \alpha < \frac{U_d}{E_{min}}$$

即

$$\frac{5}{20} < \alpha < \frac{5}{10}$$

所以,

$$0.25 < \alpha < 0.5$$

(2) $L_C = \frac{(1-\alpha)RT}{2}$

当 $f = 50kHz$, $T = 20 \times 10^{-6}s$ 时,有

$$L_{C50} = \frac{(1 - 0.25) \times 10 \times 20 \times 10^{-6}}{2} = 75\mu H$$

当 $f = 10kHz$, $T = 100 \times 10^{-6}s$ 时,有

$$L_{C10} = \frac{(1 - 0.25) \times 10 \times 100 \times 10^{-6}}{2} = 375\mu H$$

5.2 升压斩波电路

升压斩波电路(Boost Chopper)的原理图如图 5.6(a)所示,包括全控型器件 V、电感 L、二极管 D、电容 C 和电阻 R,主要用于将直流电压转换为高于原值的直流电压,其

电路运行模式也包括电感电流连续和电感电流断续两种情况。

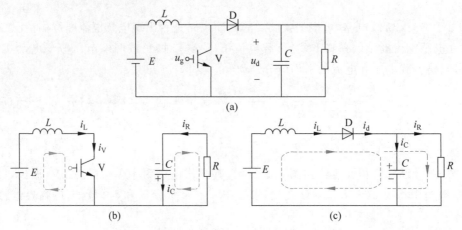

图 5.6　升压斩波电路原理图

5.2.1　电感电流连续模式

1. 阻感负载

当开关管 V 导通时,电流从电源正极出发流经电感 L 后直接经过开关管 V 流回电源负极,电感储能,电流 i_L 上升,电容 C 给负载电阻 R 供电,电流由 $C+$ 流向 R 后流回 $C-$,形成电流回路,二极管 D 的单向导电性阻止了电流从电容 C 流向开关管 V。此时电路存在两个电流回路,可列出电源端的电路方程

$$E = L\frac{\mathrm{d}i_L}{\mathrm{d}t} \tag{5.28}$$

在 $t=0$ 时 i_L 的初始值为 I_0,开关管 IGBT 在一个开关周期 T 内的导通时间为 T_{on},占空比 $\alpha = \dfrac{T_{\mathrm{on}}}{T}$。当 $t=t_1$ 时,开关管关断,此时关断电流为

$$i_L\big|_{t=t_1} = I_{t1} = I_0 + \frac{E}{L}\alpha T \tag{5.29}$$

当开关管 V 关断时,二极管 D 导通,电感 L 释放电能,电流 i_L 下降,电源 E 和电感 L 同时作用于电容 C 和负载电阻 R,电容 C 储存电能,若电容足够大,则电容两端电压 u_d 波动很小($u_d \approx U_d$),此时的电路方程为

$$E + L\frac{\mathrm{d}i_L}{\mathrm{d}t} = U_d \tag{5.30}$$

以 I_{t1} 为 $t=t_1$ 时刻电感电流 i_L 的初始值,在 $t=T$ 时刻,开关管由关断转变为导通,有

$$i_L\big|_{t=T} = I_T = I_{t1} - \frac{E-U_d}{L}(1-\alpha)T \tag{5.31}$$

当电路处于稳态时，有 $I_0 = I_T$ 成立，联立式(5.29)与式(5.31)，可得

$$U_d = \frac{E}{1-\alpha} \tag{5.32}$$

由于 $\alpha = \dfrac{T_{on}}{T} \leqslant 1, \dfrac{1}{1-\alpha} \geqslant 1, U_d \geqslant E$，负载侧电压大于电源电压，故该电路称为升压斩波电路。α 的值越接近于 1 时，U_d 的平均值越大，但受元件实际参数的限制，α 值的选取存在一定的范围。当占空比 α 较大时，电感电流 i_L 连续，此时升压斩波电路的波形图如图 5.7 所示。该电路之所以能够完成升压功能，主要原因在于：①电感 L 在 V 导通时的储能，将在 V 断开后释放，从而起到电压泵升的作用；②电容 C 充电后起稳压作用。

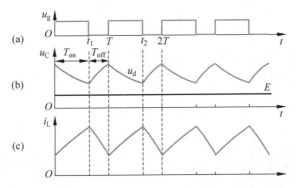

图 5.7 电感电流连续时升压斩波电路波形图(带阻感负载)

升压斩波电路在运行时需采取一定的过电压保护措施，这是因为一旦电容的充电电流大于放电电流，将会导致负载侧电压不断升高，使得电路元器件受损，因此升压斩波电路一般不允许轻载或空载运行。

2. 直流电动机传动

升压斩波电路应用于直流电动机传动时，电路工作原理图如图 5.8(a)所示，直流电源相当于电路的负载，由于电动势电压基本恒定，因此可以在电路中省去电容器，此时直流电动机制动产生回馈电动势 E_M。

当开关管 V 导通时，电动机电枢电流 i_1 满足如下电路方程：

$$L\frac{di_1}{dt} + Ri_1 = E_M \tag{5.33}$$

电流初始值为 I_0，且 $\tau = R/L$，求解上式可得

$$i_1 = I_0 e^{-\frac{t}{\tau}} + \frac{E_M}{R}(1 - e^{-\frac{t}{\tau}}) \tag{5.34}$$

当开关管 V 关断时，电动机电枢电流 i_2 满足如下电路方程：

$$L\frac{di_2}{dt} + Ri_2 = E_M - E \tag{5.35}$$

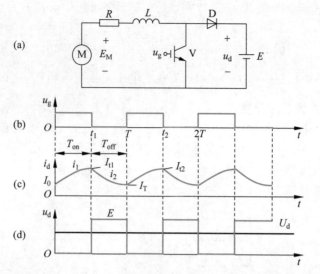

图 5.8　电感电流连续时升压斩波电路原理图和波形图（直流电动机传动）

以 I_{t1} 为关断时刻电流的初始值，求解上式可得

$$i_2 = I_{t1}\mathrm{e}^{-\frac{t-T_{on}}{\tau}} - \frac{E-E_M}{R}(1-\mathrm{e}^{-\frac{t-T_{on}}{\tau}}) \tag{5.36}$$

当电感电流连续时，有

$$i_1\big|_{t=T_{on}} = I_{t1} = I_0\mathrm{e}^{-\frac{T_{on}}{\tau}} + \frac{E_M}{R}(1-\mathrm{e}^{-\frac{T_{on}}{\tau}}) \tag{5.37}$$

$$i_2\big|_{t=T} = I_T = I_0 = I_{t1}\mathrm{e}^{-\frac{T_{off}}{\tau}} - \frac{E-E_M}{R}(1-\mathrm{e}^{-\frac{T_{off}}{\tau}}) \tag{5.38}$$

令 $\rho=T/\tau, m=E_M/E, t_1/\tau=\dfrac{t_1}{T}\dfrac{T}{\tau}=\alpha\rho, \beta=1-\alpha$，联立上述两式可求得

$$I_0 = \frac{E_M}{R} - \left(\frac{1-\mathrm{e}^{-\frac{T_{off}}{\tau}}}{1-\mathrm{e}^{-\frac{T}{\tau}}}\right)\frac{E}{R} = \left(m - \frac{1-\mathrm{e}^{-\beta\rho}}{1-\mathrm{e}^{-\rho}}\right)\frac{E}{R} \tag{5.39}$$

$$I_{t1} = \frac{E_M}{R} - \left(\frac{\mathrm{e}^{-\frac{T_{on}}{\tau}}-\mathrm{e}^{-\frac{T}{\tau}}}{1-\mathrm{e}^{-\frac{T}{\tau}}}\right)\frac{E}{R} = \left(m - \frac{\mathrm{e}^{-\alpha\rho}-\mathrm{e}^{-\rho}}{1-\mathrm{e}^{-\rho}}\right)\frac{E}{R} \tag{5.40}$$

由图 5.8 可得 I_0 和 I_{t1} 分别表示负载电流的最小和最大瞬时值，用泰勒级数对上述两式进行线性近似，可得在电感 L 无穷大时，负载电流完全平直时的平均值 I_d。

$$I_0 \approx I_{t1} \approx (m-\beta)\frac{E}{R} \tag{5.41}$$

$$I_d = (m-\beta)\frac{E}{R} = \frac{E_M - \beta E}{R} \tag{5.42}$$

5.2.2 电感电流断续模式

1. 阻感负载

当电感 L 较小或占空比较小时,电感在开关管导通期间储能较少,电感 L 在充电期间储存的电能将不足以支撑开关管关断期间电能的释放,那么升压斩波电路的电感电流将会出现断续的情况。

当开关管 V 导通时,电感 L 充电,由于电感的时间常数远大于电路的开关周期,因此电感电流可以视为线性增长,电感电流 i_L 直线上升。导通期间电感电流的增量为

$$\Delta i_L = \int_0^{t_1} \frac{E}{L} dt = \frac{E}{L} t_1 = \frac{E}{L} \alpha T \tag{5.43}$$

当升压变换器工作在电感电流临界连续时,有

$$\Delta i_L = 2I_1 \tag{5.44}$$

式中,I_1 为电源电流,忽略电路损耗,升压斩波电路的输入功率等于输出功率,即

$$EI_1 = U_d I_d \tag{5.45}$$

因此有

$$I_1 = \frac{U_d}{E} I_d = \frac{1}{1-\alpha} I_d \tag{5.46}$$

联立式(5.43)～式(5.45),可得临界条件

$$\frac{E}{L} \alpha T = 2 \frac{U_d I_d}{E} \tag{5.47}$$

在 $t = t_1$ 时刻开关管 V 关断,i_L 达到最大值,之后电源 E 结束给电感 L 充电,电感 L 和电源 E 同时向电容 C 和电阻 R 提供电能,电感 L 放电,电感电流 i_L 下降,当 $t = T_{on} + t_x$ 时,电感电能释放完全,电感电流 i_L 下降为零,之后一直保持零至下一个开关周期。与 CCM 模式下的电压一致,当电路处于稳态时,电路负载电压的平均值为

$$U_d = \frac{E}{1-\alpha} \tag{5.48}$$

可通过调节占空比 α 调整输出电压值。升压斩波电路在电感电流断续时的波形图如图 5.9 所示。联立式(5.47)和式(5.48),可得电感电流临界连续时的**临界电感值**

$$L_C = \frac{R}{2} \alpha (1-\alpha)^2 T \tag{5.49}$$

当电感值小于临界电感值时,斩波电路的电感电流将会断续。

2. 直流电动机传动

当电感 L 储能不足时,电流出现断续,因此有 $I_T = I_0 = 0$。开关管 V 导通时,电感 L 充电,负载电流上升,受开关管作用,负载端电压等于零。当 $t = t_1$ 时,开关管关断,电感 L 放电,负载电流下降,负载端电压等于电源电压。至 $t = T_{on} + t_x$ 时,电感 L 储能释放

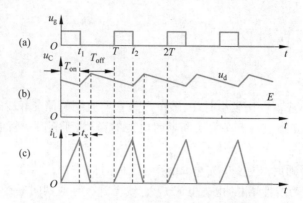

图 5.9 电感电流断续时升压斩波电路波形图（带阻感负载）

完全，负载电流已经下降至零。负载电流 i_d 和电压 u_d 的波形如图 5.10 所示。

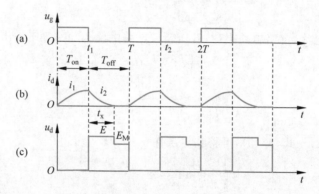

图 5.10 电感电流断续时升压斩波电路波形图（直流电动机传动）

将 $I_0 = 0$ 代入式(5.37)可求解得 I_{t1} 的值，并当 $t = T_{on} + t_x$ 时，电流 $i_2 = 0$ 代入式(5.36)可求得

$$t_x = \tau \ln \frac{1 - m e^{-\frac{T_{on}}{\tau}}}{1 - m} \tag{5.50}$$

当开关周期还未结束时，电流断续，此时 $t_x < T_{off}$，因此可得**电流断续的条件**为

$$m < \frac{1 - e^{-\beta\rho}}{1 - e^{-\rho}} \tag{5.51}$$

对于升压斩波电路，可根据上式判断电路是否出现电感电流断续的情况。

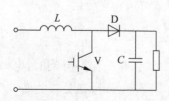

图 5.11 例 5-2 的升压斩波电路

例 5-2 如图 5.11 所示的电路工作在电感电流连续的情况下，器件 V 的开关频率为 100kHz，电路输入电压为交流 220V，当 R_L 两端电压为 400V 时：

（1）求占空比的大小。

（2）当 $R_L = 40\Omega$ 时，求维持电感电流连续时的临界电感值。

解：(1) 由题意可知：

$$U_d = \frac{E}{1-\alpha}$$

$$\alpha = -\frac{E - U_d}{U_d} = \frac{400 - 220}{400} = 0.45$$

(2) 电感电流临界连续的电流平均值

$$I_{ok} = \frac{U_d}{R} = \frac{400}{40} = 10\text{A}$$

因此,临界电感

$$L_C = \frac{\alpha T}{2I_{ok}}E = \frac{0.45 \times 0.01 \times 10^{-3}}{2 \times 10} \times 220 = 49.5\mu\text{H}$$

例 5-3　一升压换流器由理想元件构成,输入 E 在 8~16V 变化,通过调整占空比使输出 $U_d = 24$V 固定不变,最大输出功率为 5W,开关频率为 20kHz,输出电容足够大,求使换流器工作在连续电流方式的最小电感。

解：由 $U_d = 24$V 固定不变,最大输出功率为 5W 可知

$$R = \frac{U_d^2}{P} = \frac{24^2}{5} = 115.2\Omega$$

当输入为 8V 时,有

$$U_d = \frac{1}{1-\alpha_8}E \Rightarrow \alpha_8 = 1 - \frac{8}{24} = \frac{2}{3}$$

当输入为 16V 时,有

$$U_d = \frac{1}{1-\alpha_{16}}E \Rightarrow \alpha_{16} = 1 - \frac{16}{24} = \frac{1}{3}$$

则实际工作时的占空比范围为

$$\alpha = \frac{1}{3} \sim \frac{2}{3}$$

由电流断续条件公式可得

$$\frac{L}{RT} \geqslant \frac{\alpha(1-\alpha)^2}{2}$$

即

$$L \geqslant \frac{\alpha(1-\alpha)^2 RT}{2}$$

$\alpha(1-\alpha)^2$ 在 $\alpha = \frac{1}{3} \sim \frac{2}{3}$ 范围内是单调下降的,在 1/3 处有最大值,所以,

$$L \geqslant \frac{\alpha(1-\alpha)^2 RT}{2} = \frac{\frac{1}{3}\left(1 - \frac{1}{3}\right)^2 \times 115.2 \times \frac{1}{20000}}{2} = 0.43\text{mH}$$

例 5-4　一升压变换器如图 5.6(a) 所示,输入电压 E 在 18~54V 变化,通过调整占空比使输出 $U_d = 72$V 固定不变,最大输出功率为 180W,开关频率为 15kHz,输出电容足

够大,求使换流器工作在连续电流方式的最小电感。

解:根据输入输出要求,确定占空比范围

$$\frac{U_d}{E_{min}} = \frac{72}{18} = \frac{1}{1-\alpha_{max}} \Rightarrow \alpha_{max} = 0.75$$

$$\frac{U_d}{E_{max}} = \frac{72}{54} = \frac{1}{1-\alpha_{min}} \Rightarrow \alpha_{min} = 0.25$$

根据最大输出功率确定电路的最小负荷

$$R_{min} = \frac{U_d^2}{P_{max}} = \frac{72^2}{180} = 28.8\Omega$$

因此可得临界电感值为

$$L_C = \frac{R_{min}}{2}\alpha_{min}(1-\alpha_{min})^2 T = \frac{28.8}{2} \times 0.25 \times (1-0.25)^2 \times \frac{1}{15000} = 135\mu H$$

5.3 升降压斩波电路

5.3.1 Buck-Boost 斩波电路

升降压斩波电路(Buck-Boost Chopper)如图 5.12(a)所示,工作状态分为电感电流连续和电感电流断续两种模式。

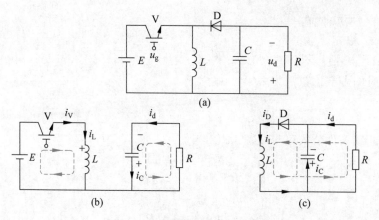

图 5.12 升降压斩波电路原理图

1. 电感电流连续

开关管 V 导通时,如图 5.12(b)所示,电路存在两个电流回路。电源端电源通过开关管 V 给电感 L 充电,电感电流 i_L 上升;负载端电容 C 放电,给负载电阻 R 提供电流。此时开关管 D 受反向电压作用关断,阻止了电流从电容流回电源端。

在开关管 V 导通时,电感电流 i_L 的初始值假定为 I_0,当 $t=t_1$ 时开关管关断,电感电流为

$$i_L\big|_{t=t_1} = I_{t1} = I_0 + \frac{E}{L}\alpha T \tag{5.52}$$

式中，$\alpha = \dfrac{T_{on}}{T}$ 为占空比，I_{t1} 为开关管关断时刻的电感电流，即开关管导通时电感电流所达到的最高值。

开关管 V 关断时，如图 5.12(c) 所示，电路只有一个电流回路。电感 L 释放电能，电感电流 i_L 下降。电感 L 给电容 C 和电阻 R 同时提供电能，电容 C 充电储存电能，电流从电感分支流向电容和电阻并联通道，汇合后通过二极管流回电感，形成电流回路。关断时刻电感电流 i_L 的初始值为 I_{t1}，当 $t = T$ 时，一个开关周期结束，开关管由关断再次导通，此时电感电流为

$$i_L\big|_{t=T} = I_T = I_{t1} - \frac{U_d}{L}(1-\alpha)T \tag{5.53}$$

联立式 (5.52) 和式 (5.53)，可得输出电压的平均值

$$U_d = \frac{\alpha}{1-\alpha}E \tag{5.54}$$

U_d 的大小与占空比 α 的数值有关，当 $0 \leqslant \alpha \leqslant 0.5$ 时，$U_d \leqslant E$；当 $0.5 < \alpha < 1$ 时，$U_d > E$。因此通过调节占空比 α，可使电路的输出电压小于或大于电源电压，因此称此电路为升降压斩波电路，其波形图如图 5.13 所示。

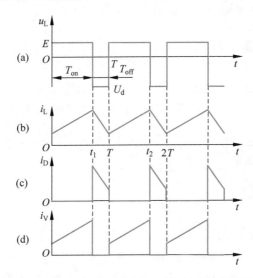

图 5.13　电感电流连续时升降压斩波电路波形图

2. 电感电流断续

开关管 V 在 $t = 0$ 时导通，电源 E 给电感 L 充电，电感两端电压 u_L 等于电源电压，电感电流 i_L 上升。在 $t = t_1$ 时开关管关断，电感 L 与阻感负载组成回路，电感电压 $u_L = -u_d$，电感释放电能，电感电流 i_L 从 I_{t1} 开始下降，但电感电流断续模式中电感 L 在开关管导

通时储存的电能较少,电感电流 i_L 上升到达的最高点 I_{t1} 也较小,开关周期 T 还未结束,电感电流 i_L 已经下降至零,出现电流断续,此时电感两端电压也为零,之后电感电流和电压一直保持为零直至开关周期结束。电感电流断续时升降压斩波电路的波形图如图 5.14 所示,开关管 V 导通时,流经 V 的电流 i_V 与电感电流相同,开关管 V 关断时,二极管 D 导通,流经 D 的电流 i_D 与电感电流相同。

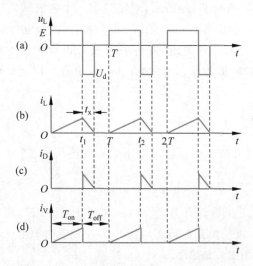

图 5.14   电感电流断续时升降压斩波电路波形

例 5-5   一台运行在 20kHz 开关频率下的降压-升压换流器由理想元件构成,其中 $L=0.05$mH,输入电压 $E=15$V,输出电压 $U_d=10$V,可提供 10W 的输出功率,并且输出端电容足够大,此时电路处于电流连续模式,试求其占空比 α。

解:由题设可知,降压-升压换流器处在电流连续模式,此时,

$$U_d = \frac{\alpha}{1-\alpha}E \Rightarrow \alpha = \frac{U_d}{U_d+E} = \frac{10}{10+15} = 0.4$$

5.3.2   Cuk 斩波电路

Cuk 斩波电路(Cuk Chopper)如图 5.15(a)所示,相比于 Buck-Boost 斩波电路,该电路多了一个电感和电容。Cuk 斩波电路在电源端和负载端都串联了一个电感,相比于升降压斩波电路,有效减小了输入电源电流和输出负载电流的脉动,大幅削弱了对电源和负载的电磁干扰作用。

1. 电感电流连续

开关管 V 导通时,如图 5.15(b)所示,电路存在两个电流回路,电流从电源正极出发给电感 L_1 充电,流经开关管 V 后回到电源负极形成回路一;电容 C_1 放电流经开关管 V 后给电容 C_2、电阻 R 和电感 L_2 供电,电流流回电容 C_1 形成回路二。在导通时间内电感

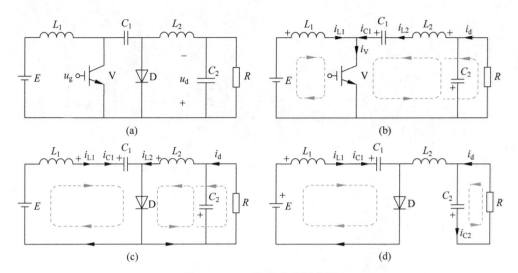

图 5.15　Cuk 斩波电路原理图

电流 i_{L_1} 和 i_{L_2} 都上升,二极管 D 受反向电压作用处于截止状态。

开关管 V 关断时,如图 5.15(c)所示,电路仍存在两个电流回路,电源 E 和电感 L_1 同时给电容 C_1 充电,经二极管 D 续流后电流从电容 C_1 流回电源负极,形成回路一;同时,电感 L_2 释放电能提供负载电流,电容 C_2 充电,形成电流回路二。若电感 L_2 在开关管导通期间储能充足,则有足够的电能维持开关管关断期间电感电流 i_{L2} 的连续,因此在整个开关周期内电感电流都连续。

忽略电路损耗,当电路处于稳态时,电感 L_1 和 L_2 在一个周期内的积分等于零,即

$$\int_0^{T_{on}} u_{L1} \, dt + \int_{T_{on}}^{T} u_{L1} \, dt = 0 \tag{5.55}$$

$$\int_0^{T_{on}} u_{L2} \, dt + \int_{T_{on}}^{T} u_{L2} \, dt = 0 \tag{5.56}$$

Cuk 斩波电路的负载电压平均值与升降压斩波电路负载电压平均值相同,故 Cuk 斩波电路也可通过调节占空比 α 实现电压上升或下降。电感电流连续时 Cuk 斩波电路的波形如图 5.16 所示。

由图 5.16 可得,在开关管 V 导通期间,$u_{L1} = E$;在开关管 V 关断期间,$u_{L1} = E - U_{C1}$,因此有

$$E\alpha T + (E - U_{C1})(1 - \alpha)T = 0 \tag{5.57}$$

$$U_{C1} = \frac{1}{1 - \alpha}E \tag{5.58}$$

在开关管 V 导通期间,$u_{L2} = U_{C1} - U_d$;在开关管 V 关断期间,$u_{L2} = -U_d$。因此有

$$(U_{C1} - U_d)\alpha T + (-U_d)(1 - \alpha)T = 0 \tag{5.59}$$

$$U_{C1} = \frac{1}{\alpha}U_d \tag{5.60}$$

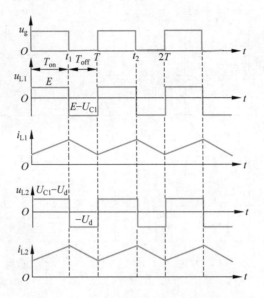

图 5.16　电感电流连续时 Cuk 斩波电路波形

联立式(5.58)与式(5.60)，求解可得负载电压平均值

$$U_d = \frac{\alpha}{1-\alpha}E \tag{5.61}$$

2. 电感电流断续

开关管 V 导通时，电源 E 和电容 C_1 分别给电感 L_1 和 L_2 充电，电感电流上升。在 $t = t_1$ 时刻，开关管断开，电感 L_1、L_2 同时放电和电源 E 一起给电路其他元件供电，电感电流下降。若电感 L_2 储能较少，L_2 的续流将难以维持到开关周期结束。开关管 V 关断时，电感 L_2 释放电能提供负载电流，当电感 L_2 储存的电能不足时，电感电流 i_{L2} 在 $t = T_{on} + t_x = \delta T$ 时下降至零，出现断续。此时 Cuk 斩波电路的工作原理如图 5.15(d)所示，电容 C_2 放电给负载电阻 R 提供电能，形成电流由电容 C_2 正极流向负载电阻 R 再流回电容负极的电流回路。图 5.17 为电感电流断续下的 Cuk 斩波电路波形图。

在电感电流断续模式下，电感 L_1 和 L_2 两端的电压分别满足

$$E\alpha T + (E - U_{C1})\delta T = 0 \tag{5.62}$$

$$(U_{C1} - U_d)\alpha T - U_d\delta T = 0 \tag{5.63}$$

联立两式解得输出电压平均值为

$$U_d = \frac{\alpha}{\delta}E \tag{5.64}$$

相比于升降压斩波电路，Cuk 斩波电路优势在于，其输出负载电流是连续的，并且纹波较小。

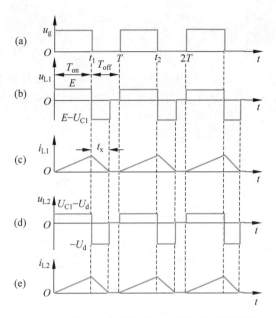

图 5.17　电感电流断续时 Cuk 斩波电路波形图

例 5-6　有一开关频率为 50kHz 的 Cuk 变换电路，假设输出端电容足够大，并且元件的功率损耗可忽略，若输入电压 $E = 10V$，输出电压 U_d 调节为 5V 不变。试求：

（1）占空比的大小；

（2）电容器 C_1 两端的电压 U_{C1}；

（3）开关管的导通时间和关断时间。

解：（1）根据式（5.61）描述的输出电压的计算公式

$$U_d = \frac{\alpha}{1-\alpha}E$$

代入输入电压和输出电压，可得占空比

$$\alpha = \frac{U_d}{U_d + E} = \frac{5}{5+10} = \frac{1}{3}$$

（2）在输出端电容足够大的情况下，电容器 C_1 两端的电压为

$$U_{C1} = \frac{1}{1-\alpha}E = \frac{1}{1-\frac{1}{3}} \times 10 = 15V$$

（3）由已求得的占空比 α，可得

$$T_{on} = \alpha T = \frac{1}{3} \times \frac{1}{50 \times 10^3} = 6.67\mu s$$

$$T_{off} = (1-\alpha)T = \frac{2}{3} \times \frac{1}{50 \times 10^3} = 13.34\mu s$$

5.3.3 Sepic 斩波电路

当电感储能足够大时,Sepic 斩波电路(Sepic Chopper)处于电感电流连续模式,如图 5.18(a)所示,电路元件类型与 Cuk 斩波电路一致,但电路构成方式类型不同。

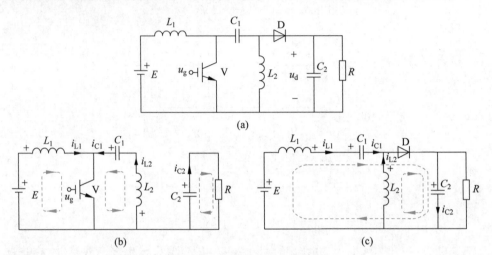

图 5.18 Sepic 斩波电路原理图

开关管 V 导通时,电路有 $E+\rightarrow L_1\rightarrow V\rightarrow E-$、$C_1+\rightarrow V\rightarrow L_2\rightarrow C_1-$ 和 $C_2+\rightarrow R\rightarrow C_2-$ 三条电流回路。电容 C_1 和 C_2 分别给电感 L_2 和电阻 R 供电,电感 L_1 和 L_2 同时充电,电感电流上升,分别为

$$L_1\frac{di_{L1}}{dt}=E \tag{5.65}$$

$$L_2\frac{di_{L2}}{dt}=U_{C1} \tag{5.66}$$

当 $t=t_1$ 时,i_{L1} 和 i_{L2} 同时上升至最大值。开关管 V 关断后,电路有 $E+\rightarrow L_1\rightarrow C_1\rightarrow D\rightarrow C_2+R\rightarrow E-$ 和 $L_2+\rightarrow D\rightarrow C_2+R\rightarrow L_2-$ 两条电流回路,电感 L_1 和 L_2 同时放电,向负载提供电能,电容 C_1 和 C_2 同时充电储存电能,此时电感电流满足

$$L_1\frac{di_{L1}}{dt}=E-U_{C1}-U_d \tag{5.67}$$

$$L_2\frac{di_{L2}}{dt}=-U_d \tag{5.68}$$

电感在一个开关周期内充放电平衡

$$E\alpha T+(E-U_{C1}-U_d)(1-\alpha)T=0 \tag{5.69}$$

$$U_{C1}\alpha T-U_d(1-\alpha)T=0 \tag{5.70}$$

联立上述两式,解得 Sepic 斩波电路负载电压平均值

$$U_{\mathrm{d}} = \frac{\alpha}{1-\alpha} E \qquad\qquad (5.71)$$

由式(5.71)可知,改变占空比 α 可实现电路的降压和升压的功能。当电感储能不足时,电感电流断续,Sepic 斩波电路波形如图 5.19(b)所示。

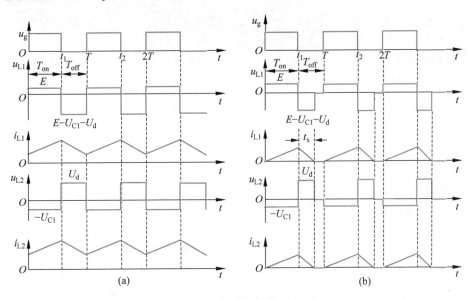

图 5.19　Sepic 斩波电路波形图

5.3.4　Zeta 斩波电路

Zeta 斩波电路(Zeta Chopper)如图 5.20(a)所示,在开关管 V 导通时,电流从电源正极出发流过开关管 V,一方面给电感充电,另一方面和电容一起给电感和负载供电,二极管 D 反向截止,没有电流流过。

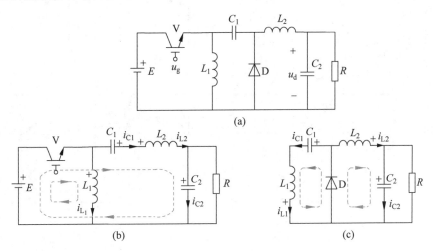

图 5.20　Zeta 斩波电路原理图

开关管导通期间,电感 L_1 和 L_2 储存电能,电感电流 i_{L1} 和 i_{L2} 上升,电感两端电压分别满足

$$L_1 \frac{\mathrm{d}i_{L1}}{\mathrm{d}t} = E \qquad\qquad (5.72)$$

$$L_2 \frac{\mathrm{d}i_{L2}}{\mathrm{d}t} = E - U_{C_1} - U_d \qquad\qquad (5.73)$$

当 $t = t_1$ 时,开关管 V 关断,电感 L_1 和 L_2 同时释放电能,L_1 流经二极管 D 后给电容 C_1 充电,L_2 通过二极管 D 续流。在关断期间电感两端电压满足

$$L_1 \frac{\mathrm{d}i_{L1}}{\mathrm{d}t} = U_{C_1} \qquad\qquad (5.74)$$

$$L_2 \frac{\mathrm{d}i_{L2}}{\mathrm{d}t} = -U_d \qquad\qquad (5.75)$$

在电感电流连续模式下,电感 L_1 和 L_2 电压平均值为零,则有

$$E\alpha T + U_{C1}(1-\alpha)T = 0 \qquad\qquad (5.76)$$

$$(E - U_{C1} - U_d)\alpha T - U_d(1-\alpha)T = 0 \qquad\qquad (5.77)$$

联立上述两式,解得 Zeta 斩波电路负载电压平均值为

$$U_d = \frac{\alpha}{1-\alpha}E \qquad\qquad (5.78)$$

观察式(5.78)可得,Zeta 斩波电路具有与 Sepic 斩波电路相同的输入/输出关系。与上述降压、升压、升降压斩波电路相比,Sepic 和 Zeta 斩波电路均具有输出电压均为正极性的特点。Zeta 斩波电路在电感电流连续和电感电流断续模式下的波形分别如图 5.21(a) 和图 5.21(b) 所示。

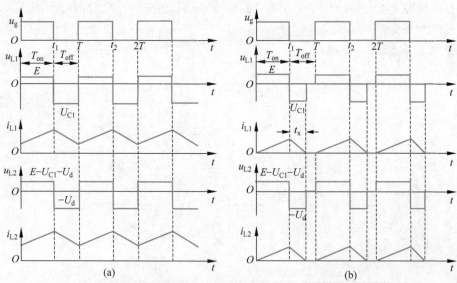

图 5.21 Zeta 斩波电路波形

5.4 复合斩波电路

在简单的斩波电路基础上,可利用降压斩波电路和升压斩波电路组合构成复合斩波电路,相比于上述只由一只开关管组成的直流斩波电路,复合斩波电路不仅可以调节直流输出电压的大小,还可以调节直流输出电压和输出电流的方向,适用于负载为直流电动机,既需电动运行也需快速制动的情况。

5.4.1 半桥式电流可逆斩波电路

半桥式电流可逆斩波电路如图 5.22(a)所示,开关管 V_1 和 V_2 正向串联构成半桥式电路的上下桥臂,二极管 D_1 和 D_2 分别与开关管 V_1 和 V_2 反向并联,构成电路的续流回路。负载为电阻 R、电感 L 和电动机 M,其中电阻和电感包含了电动机的电枢电阻和电感。

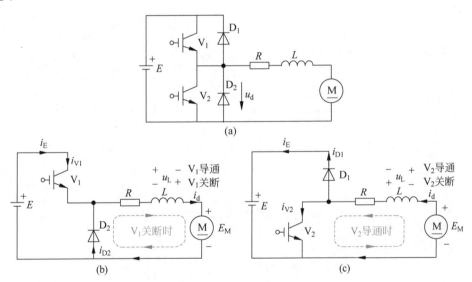

图 5.22 半桥式电流可逆斩波电路原理图

当电动机处于**电动状态**时,电路工作原理图如图 5.22(b)所示,与降压斩波电路图[图 5.1(b)]相同。此时开关管 V_2 和二极管 D_1 一直处于关断状态,开关管 V_1 受 PWM驱动信号作用,处于开关交替状态。在 $t=0$ 时刻,开关管 V_1 栅极施加驱动信号,V_1 导通,电源 E 经开关管 V_1 向负载供电,形成 $E+\rightarrow V_1 \rightarrow R \rightarrow L \rightarrow M \rightarrow E-$ 的电流回路。在 $t=t_1$ 时刻,开关管 V_1 关断,电感通过二极管 D_2 进行续流,形成 $L+\rightarrow M \rightarrow D_2 \rightarrow R \rightarrow L-$ 的电流回路。输出电压平均值 $U_d = \alpha E$,与降压斩波电路的输出电压平均值相同。通过调节占空比 α 的数值可以调节输出电压大小,从而达到调节直流电动机转速的目的。

当电动机处于**制动状态**时,电动工作原理图如图 5.22(c)所示,与升压斩波电路图

[图 5.6(a)]相同。此时开关管 V_1 和二极管 D_2 一直处于关断状态,开关管 V_2 受 PWM 驱动信号作用,处于开关交替状态。在 $t=T$ 时刻,开关管 V_2 栅极施加驱动信号,V_2 导通,电动机向电感 L 供电,电感 L 充电,电感电流上升,形成 M+→L→R→V_2→M− 电流回路。在 $t=t_2$ 时刻,开关管 V_2 关断,直流电动机制动的反电动势和电感储存的电能一起回馈至电源中,形成 M+→L→R→D_1→E→M− 的电流回路。输出电压平均值 $U_d = \dfrac{E_M}{1-\alpha}$,与升压斩波电路的输出电压平均值相同。通过调节占空比 α 的数值可以调节输出电压的大小,控制电动机的制动电流。

此外,为使电动机电枢回路总有电流流过,可以在一个开关周期内使半桥式电流可逆斩波电路交替地作为降压斩波电路和升压斩波电路工作。当某一个斩波电路的电流断续时,即刻使另一个斩波电路投入工作,电流转换方向。在 $t=t_1$ 时刻,开关管 V_1 导通,电感充电,电枢电流上升。在 $t=t_2$ 时刻,开关管 V_1 关断,之后电感 L 释放储能,电枢电流下降。在 $t=t_3$ 时刻,电感储能释放完后,电枢电流为零,开关管 V_2 立即导通,电感 L 在电动机反电动势作用下充电,电枢电流反向上升。在 $t=T$ 时刻,开关管 V_2 关断后,电感 L 再次释放储能,在 $t=t_4$ 时刻电流反向减小至零时,再次使开关管 V_1 导通。如此循环,使得在一个开关周期内,电枢电流不间断地正负流通,负载电压和电流波形如图 5.23 所示,开关器件导通的顺序是 $V_1 \to D_2 \to V_2 \to D_1$。

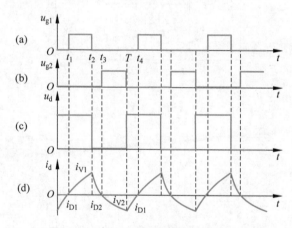

图 5.23 半桥式电流可逆斩波电路波形

半桥式电流可逆斩波电路简单方便,但是电动机只能工作在第一、二象限,要想使电动机既可电动和制动,又可正反转,实现电动机的四象限运行,还需要对半桥式电流可逆斩波电路进行组合改进,构成全桥式可逆斩波电路。

5.4.2 全桥式可逆斩波电路

全桥式可逆斩波电路如图 5.24(a)所示,由两个半桥电流可逆斩波电路组合构成,一个电路负责正向电流供电,另一个电路负责反向电流供电。在全桥式可逆斩波电路作用下,电动机可实现正反转可逆的四象限运行。电路有 4 只开关管和 4 只二极管,其中 V_1、V_3、D_2、D_4 作用于电动机正转状态,V_2、V_4、D_1、D_3 作用于电动机反转状态。在一个开关周期内,开关管成对控制,V_1、V_3 和 V_2、V_4 交替导通和关断。根据开关管导通和关断的状态,电路可分为 4 种工作模式。

模式 I:电路工作原理图如图 5.24(b)所示,开关管 V_1 和 V_3 处于导通状态,电源 E 给电阻 R、电感 L 和电动机 M 供电,电感电流 i_L 上升,形成 $E+ \rightarrow V_1 \rightarrow R \rightarrow L \rightarrow M \rightarrow V_3 \rightarrow E-$ 的电流回路。

模式 II:电路工作原理图如图 5.24(c)所示,开关管 V_1 和 V_3 处于关断状态,此时开关管 V_2 和 V_4 受驱动电压作用导通。但由于此时电感电流 i_L 不为零,电感 L 经二极管 D_2 和 D_4 续流,开关管 V_2 和 V_4 被短接不起作用。电感 L 释放储能,电感电流 i_L 下降,形成 $L+ \rightarrow M \rightarrow D_2 \rightarrow E \rightarrow D_4 \rightarrow R \rightarrow L-$ 的电流回路。

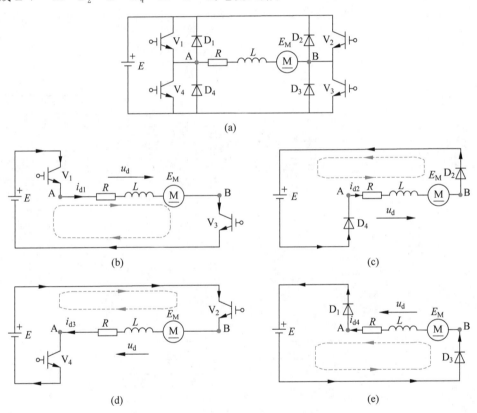

图 5.24 全桥式可逆斩波电路原理图

模式 I 和模式 II 下的电流都由 A 点流向 B 点,电动机正转,电路电压和电流的波形如图 5.25(a)所示。在一个开关周期 T 内,开关管 V_1 和 V_3 导通的时间为 T_{on},关断的时间为 T_{off},因此负载电压平均值为

$$U_d = \frac{T_{on}}{T}E - \frac{T_{off}}{T}E = \left(\frac{2T_{on}}{T} - 1\right)E \tag{5.79}$$

令调压比 $k = \dfrac{2T_{on}}{T} - 1$，$T_{on}$ 由 $0 \to T$ 时，k 由 $-1 \to 1$。要使电动机正转，需保证 $U_d = kE > 0$，因此电动机正转时，调压比的取值范围为 $0 < k \leqslant 1$。

模式Ⅲ：电路工作原理图如图 5.24(d)所示，开关管 V_2 和 V_4 处于导通状态，电源 E 给电阻 R、电感 L 和电动机 M 供电，电感电流 i_L 反向上升，形成 $E+ \to V_2 \to M \to L \to R \to V_4 \to E-$ 的电流回路。

模式Ⅳ：电路工作原理图如图 5.24(e)所示，开关管 V_2 和 V_4 处于关断状态，此时开关管 V_1 和 V_3 受驱动电压作用导通。但由于此时电感电流 i_L 不为零，电感 L 经二极管 D_1 和 D_3 续流，开关管 V_1 和 V_3 被短接不起作用。电感 L 释放储能，电感电流 i_L 反向下降，形成 $L+ \to R \to D_1 \to E \to D_3 \to L-$ 的电流回路。

模式Ⅲ和模式Ⅳ下的电流都由 B 点流向 A 点，电动机反转，电路电压和电流的波形如图 5.25(b)所示。要使电动机反转，则需保证 $U_d = kE < 0$，因此电动机反转时，调压比的取值范围为 $-1 \leqslant k < 0$。

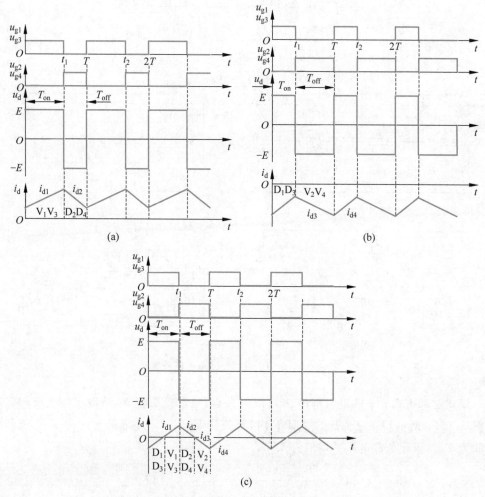

图 5.25　全桥式可逆斩波电路波形

当调压比 k 逐步由 1 变为 -1 时,电流逐步由正变为负,电动机由正转变为反转,此时电路处于 4 种模式交替工作的状态。当调压比 $k=0$,即占空比为 0.5 时,电路电压和电流的波形如图 5.25(c)所示。

全桥式可逆斩波电路能够较为理想地实现直流电动机的正反转可逆运行,但是仍存在两点需要注意的地方:①电路的 4 只开关管都在 PWM 驱动下导通和关断,当开关频率过高时,开关损耗较大,不利于电路的持续运行;②一旦电路的上下桥臂两只开关管同时导通,就会造成电源短路,因此需确保两只开关管导通时留有一定的时间间隔。

5.5　直流斩波电路的 Multisim 仿真

本节为进一步验证分析上述斩波电路的性能,利用 Multisim 软件进行了仿真实验,得出相应的仿真结果。本节以降压斩波电路和降压斩波电路的 Multisim 仿真实验为例进行分析说明。

5.5.1　降压斩波电路 Multisim 仿真

降压斩波电路对电路进行降压变换,使得输出直流电压小于输入直流电压。根据 5.1 节的分析可得,降压斩波电路的输出直流电压的平均值为 $U_d = \dfrac{T_{on}}{T}E = \alpha E$,因此给定输入电压,输出电压的值与占空比 α 成一定比例关系。调节占空比 α,可得电路不同的仿真结果。

在 Multisim 中搭建的降压斩波电路如图 5.26 所示,其中输入直流电压 $V_1 = 12V$,开关管 Q_1(2SK3070S)栅极受电压控制电压源 V_2 控制,V_2 在脉冲电压源 V_3 控制下和 V_3 一起组成开关管驱动电路。二极管 D_1 选择 1N4007GP,电感 $L_1 = 60mH$,电容 $C_1 = 5mF$,负载电阻 $R_1 = 100\Omega$。双击 V_3 设置相应参数,得到不同的占空比,单击"运行"按钮,进行电路仿真。

1. 开关周期 $T = 2ms$,导通时间 $T_{on} = 0.6ms$,占空比 $\alpha = \dfrac{T_{on}}{T} = 0.3$

双击打开示波器,可得到占空比 $\alpha = 0.3$ 时的降压斩波电路输出电压仿真曲线,如图 5.27 所示。观察曲线可得输出电压一开始快速上升,后逐渐趋于平稳,电压最终平稳值稳定在 3.66V 左右。与理论计算的输出电压平均值 $U_d = \alpha E = 0.3 \times 12V = 3.6V$ 相比,仿真输出电压存在较小的出入,但总体数值相近,说明仿真实验与理想分析存在一定的差距,但总体趋势和数值相同,降压斩波电路能够起到较好的降压变换的作用。

2. 开关周期 $T = 2ms$,导通时间 $T_{on} = 1.4ms$,占空比 $\alpha = \dfrac{T_{on}}{T} = 0.7$

双击打开示波器,可得到占空比 $\alpha = 0.7$ 时的降压斩波电路输出电压仿真曲线,如

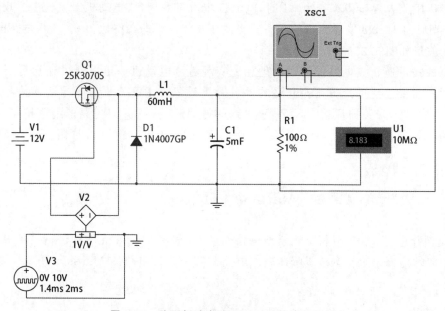

图 5.26 降压斩波电路 Multisim 仿真原理图

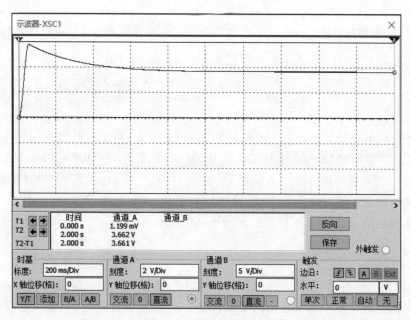

图 5.27 降压斩波电路输出电压曲线(占空比 0.3)

图 5.28 所示。观察仿真结果可得输出电压曲线变化趋势与 $\alpha=0.3$ 时相同,但电压最终平稳值稳定在 8.19V 左右。与理论计算的输出电压平均值 $U_d = \alpha E = 0.7 \times 12V = 8.4V$ 相比,仿真电压数值相近,表明改变占空比的数值可调节输出直流电压的大小,达到不同的降压效果。

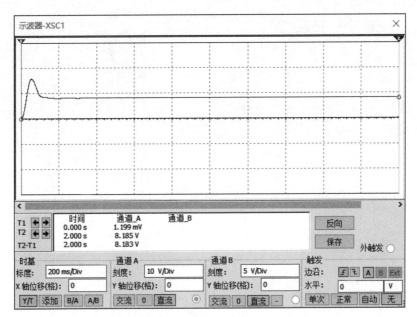

图 5.28　降压斩波电路输出电压曲线（占空比 0.7）

5.5.2　升降压斩波电路 Multisim 仿真

升降压斩波电路对电路进行降压或升压变换，使得输出直流电压小于或大于输入直流电压。据上述分析可得，升降压斩波电路的输出直流电压的平均值为 $U_d = \dfrac{\alpha}{1-\alpha}E$，因此给定输入电压，输出电压的数值只与占空比 α 的数值有关。

在 Multisim 中搭建电路如图 5.29 所示，其中 V_1 为输入直流电压，V_2 为电压控制电压源，V_3 为脉冲电压源，Q_1 为开关管，D_1 为二极管，与电感 L_1、电容 C_1、电阻 R_1 一起构成升降压斩波电路，各元件的参数和型号设置如图 5.29 所示。此外，可在 V_3 中设置占空比参数，得到不同的电路仿真结果。

1. 开关周期 $T=1\text{ms}$，导通时间 $T_{on}=0.2\text{ms}$，占空比 $\alpha = \dfrac{T_{on}}{T} = 0.2$

占空比 $\alpha=0.2$ 时的升降压斩波电路输出电压仿真曲线如图 5.30 所示，电压曲线有着良好的平稳趋势，最终稳定在 2.79V 左右，与理论计算的输出电压平均值 $U_d = \dfrac{\alpha}{1-\alpha}E = \dfrac{0.2}{0.8} \times 12\text{V} = 3\text{V}$ 相近，表明升降压斩波电路能起到理想的降压变换作用。

2. 开关周期 $T=1\text{ms}$，导通时间 $T_{on}=0.6\text{ms}$，占空比 $\alpha = \dfrac{T_{on}}{T} = 0.6$

占空比 $\alpha=0.6$ 时的升降压斩波电路输出电压仿真曲线如图 5.31 所示，输出电压曲线快速上升，后逐渐下降趋于平稳，最终平稳值稳定在 17.19V 左右，与理论计算的输出

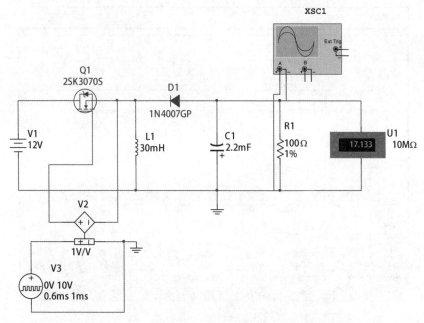

图 5.29　升降压斩波电路 Multisim 仿真原理图

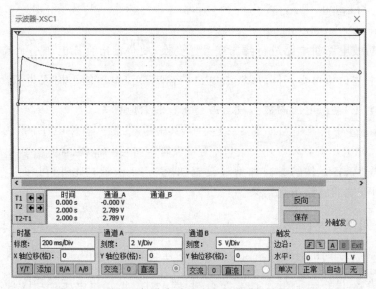

图 5.30　升降压斩波电路输出电压曲线(占空比 0.2)

电压平均值 $U_{\mathrm{d}}=\dfrac{\alpha}{1-\alpha}E=\dfrac{0.6}{0.4}\times 12\mathrm{V}=18\mathrm{V}$ 相近,说明升降压斩波电路能够起到理想的升压变换的作用。

　　综合上述两种不同占空比下的仿真结果可知,改变不同的占空比数值,可使电路电压下降或上升,因此升降压斩波电路既能实现降压又能实现升压。

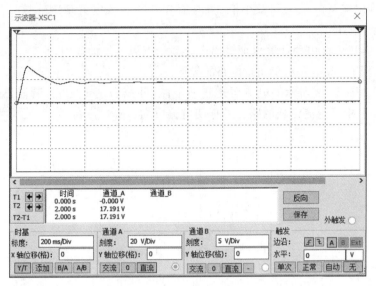

图 5.31　升降压斩波电路输出电压曲线（占空比 0.6）

本章小结

本章所述的直流斩波电路包括降压斩波电路、升压斩波电路、升降压斩波电路、Cuk 斩波电路、Sepic 斩波电路、Zeta 斩波电路六种基本斩波电路和半桥式电流可逆斩波电路、全桥式可逆斩波电路两种复合斩波电路，其中降压斩波电路和升压斩波电路是两种最基本的斩波电路。本章的内容围绕这两种基本的斩波电路展开，学习和掌握这两种基本斩波电路是掌握本章内容的基础。

直流斩波电路是将直流电变换为恒定的或可调的直流电的电力电子变换装置，既可用于降压，也可用于升压。复合斩波电路由基本的斩波电路构成，适用于直流电动机的电动和制动的可逆运行，其中半桥式电流可逆斩波电路可实现电动机的第一、二象限运行，全桥式可逆斩波电路可实现电动机的四个象限运行。本章在讲解斩波电路结构和工作原理的基础上，选取了部分电路进行 Multisim 仿真验证，进一步分析电路的电压变换作用以及占空比在改变输出直流电压大小中的决定性作用。

直流斩波电路在直流传动系统、开关电源、充电蓄电电路、电力电子变换装置及各种用电设备中都有着广泛的应用。作为电力电子技术中的重要应用，直流斩波技术应用于开关电源和直流电动机驱动中，有效率高、体积小、加速平稳、响应快速等一系列优点。

本章习题

1. 在图 5.1 所示的降压斩波电路中，$E = 100\text{V}$，$L = 1\text{mH}$，$R = 0.5\Omega$，$E_M = 10\text{V}$，采用脉宽调制控制方式，$T = 20\mu\text{s}$，当 $T_{on} = 5\mu\text{s}$ 时，计算输出电压平均值 U_d，输出电流平均

值 I_d，计算输出电流的最大和最小值、瞬时值并判断负载电流是否连续。当 $T_{on}=3\mu s$ 时，重新进行上述计算。

2. 简述升压斩波电路能够保证输出电压高于电源电压的原因。

3. 试比较 Buck 电路和 Boost 电路的异同。

4. 分析如图 5.32 所示的电流可逆斩波电路，并结合图 5.32 各阶段器件导通的情况，绘制出各个阶段电流流通的路径并标明电流方向。

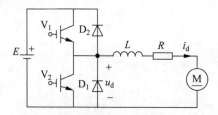

图 5.32　半桥电流可逆斩波电路

5. 对于图 5.33 所示的桥式可逆斩波电路，若需使电动机工作于反转电动状态，试分析此时电路的工作情况，并绘制相应的电流流通路径图，同时标明电流流向。

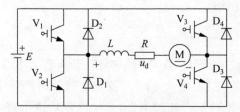

图 5.33　桥式可逆斩波电路

6. 试分别简述升降压斩波电路和 Cuk 斩波电路的基本原理，并比较其异同点。

7. 根据升压斩波电路的电路原理图，试利用 Multisim 软件设计一个升压斩波电路。

8. 根据 Cuk 斩波电路的电路原理图，试利用 Multisim 软件设计一个 Cuk 斩波电路。

第 6 章 交流电力变换电路

交流电力变换电路(AC Power Converter Circuit)是把一种形式的交流电转换成另一种形式的交流电的变换电路,转换的参数主要包括电压或电流的幅值、频率以及相数。按照转换参数类型,交流电力变换电路可分为**交流电力控制电路**(AC Power Control Circuit)和**交-交变频电路**(AC-AC Frequency Conversion Circuit)。

交流电力控制电路只改变电压、电流或控制电路的通断,而不改变频率。根据不同的控制方式可分为交流调压电路、交流调功电路与交流电力电子开关电路等。常用的控制方式有以下几种:

(1) **通断控制**。把晶闸管作为开关,通过改变通断时间比值达到调压目的。该方式电路简单,功率因数高,适用于较大时间常数的负载,但输出电压或功率调节不平衡。

(2) **相位控制**。使晶闸管在电源电压每一周期内的选定时刻将负载与电源接通,通过晶闸管触发角 α 改变选定的导通时刻就可达到调压的目的。

(3) **斩波控制**。改变开关的动作频率或交流电流接通和断开的时间比例,以实现改变加到负载上的电压、电流平均值。

交-交变频电路只改变频率,部分电路改变相数,可分为**直接变频电路**和**间接变频电路**。直接变频电路的转换方式是通过正反晶闸管组直接将一种频率的交流转为另一频率或可变频率的交流;间接变频电路即组合式交流变换,先将交流整流成直流(AC-DC),再将直流逆变成另一频率或可变频率的交流(DC-AC),是整流和逆变的组合。

本章分别从交流电力控制电路和交-交变频电路的角度介绍交流电力变换电路。

6.1 单相交流调压电路

单相交流调压电路(Single-Phase AC Voltage Regulating Circuit)是对单相交流电的电压进行调节的电路,广泛应用于电热控制、交流电动机速度控制、灯光控制和交流稳压器等场合,有控制方便、调节速度快、装置重量轻、体积小等优点。本节分别以采用晶闸管器件的相位控制以及全控电力电子器件的斩波控制两种控制方式,介绍单相交流调压电路。

6.1.1 相位控制

1. 电阻负载

如图 6.1(a)所示是电阻负载的单相交流调压电路原理图,其中 VT_1 和 VT_2 表示晶闸管,这两个反并联连接的晶闸管开关可以用图 6.1(b)中的双晶闸管 VT 代替。u_1 是输入电压,假设其按照正弦规律变化。u_o 和 i_o 分别代表负载两端的电压和电流。在交流输入电压 u_1 的正半周和负半周,分别对 VT_1 和 VT_2 的触发角 α 进行控制即可调节输出电压。

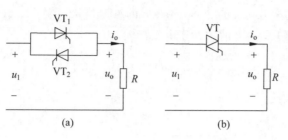

图 6.1 相控式电阻负载单相交流调压电路原理图

电阻负载单相交流调压电路波形图如图 6.2 所示。u_1 的坐标原点是零电压点。在电源正半周,晶闸管 VT_1 承受正向电压。$0 \leqslant t \leqslant \alpha$ 时,晶闸管 VT_1 不导通,晶闸管两端电压跟随输入电压 u_1,如图 6.2(b)所示。直到 α 时刻,触发 VT_1 使其导通。由于是电阻负载,负载电流和负载电压波形的相位完全相同。

在电源电压负半周,晶闸管 VT_2 承受正向电压。当 $\pi + \alpha$ 时刻,触发 VT_2 使其导通,则负载上又得到缺 α 角的正弦负半波电压。其余参数分析和电源正半周完全一样。持续这样控制,在负载电阻上便得到每半波缺 α 角的正弦电压。通过改变 α 角的大小,便改变了输出电压有效值的大小。

假设输入电压为 $u_1 = \sqrt{2} U_1 \sin\omega t$,其中 U_1 是输入交流电压的有效值。在晶闸管导通时有 $i_o = U_1 /R$,则负载电压的有效值为

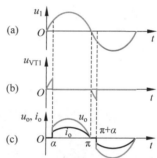

图 6.2 电阻负载单相交流调压电路波形图

$$U_o = \sqrt{\frac{1}{\pi}\int_\alpha^\pi (\sqrt{2} U_1 \sin\omega t)^2 \, \mathrm{d}(\omega t)} = U_1 \sqrt{\frac{1}{2\pi}\sin 2\alpha + \frac{\pi - \alpha}{\pi}} \tag{6.1}$$

负载电流的有效值为

$$I_o = \frac{U_o}{R} \tag{6.2}$$

通过晶闸管电流的有效值为

$$I_{VT} = \sqrt{\frac{1}{2\pi}\int_\alpha^\pi \left(\frac{\sqrt{2} U_1 \sin\omega t}{R}\right)^2 \, \mathrm{d}(\omega t)} = \frac{U_1}{R}\sqrt{\frac{1}{4\pi}\sin 2\alpha + \frac{\pi - \alpha}{2\pi}} = \frac{I_o}{\sqrt{2}} \tag{6.3}$$

电路的**功率因数**为

$$\lambda = \frac{P}{S} = \frac{U_o I_o}{U_1 I_o} = \sqrt{\frac{\sin 2\alpha}{2\pi} + \frac{\pi - \alpha}{\pi}} \tag{6.4}$$

由图 6.2 及式(6.1)~式(6.4)可见,电阻负载单相交流调压电路中的触发脉冲移相 α 满足 $0 \leqslant \alpha \leqslant \pi$。当 $\alpha = 0$ 时,输出电压的有效值 U_o 最大,等于 U_1,此时功率因数 $\lambda = 1$,u_o 为完整的正弦波。随着 α 的增大,U_o 逐渐减小,功率因数 λ 亦逐渐减小。当 $\alpha = \pi$ 时,$U_o = \lambda = 0$。

例 6-1 电阻负载单相交流调压电流,电源为工频 220V,在 $\alpha = 0$ 时输出功率为最大

值,试求功率为最大输出功率的 80%、50% 时的触发角 α。

解: (1) 由题可知,$\alpha=0$ 时的输出电压最大,为

$$U_{\mathrm{omax}}=\sqrt{\frac{1}{\pi}\int_0^\pi(\sqrt{2}U_1\sin\omega t)^2\mathrm{d}(\omega t)}=U_1$$

此时的负载电流最大,为

$$I_{\mathrm{omax}}=\frac{U_{\mathrm{omax}}}{R}=\frac{U_1}{R}$$

最大输出功率为 $P_{\max}=U_{\mathrm{omax}}I_{\mathrm{omax}}$,当输出功率为最大输出功率的 80% 时,有

$$P_{\max}=U_{\mathrm{omax}}I_{\mathrm{omax}}=\frac{U_1^2}{R}$$

$$U_{\mathrm{o}}=\sqrt{0.8}U_1$$

又由式(6.4)可以得到

$$\sqrt{\frac{\sin2\alpha}{2\pi}+\frac{\pi-\alpha}{\pi}}=\sqrt{0.8}$$

解得

$$\alpha=60.54°$$

(2) 同理,输出功率为最大输出功率的 50% 时,有

$$U_{\mathrm{o}}=\sqrt{0.5}U_1$$

根据式(6.4)得到

$$\sqrt{\frac{\sin2\alpha}{2\pi}+\frac{\pi-\alpha}{\pi}}=\sqrt{0.5}$$

解得

$$\alpha=90°$$

2. 阻感负载

与电阻负载相比,带阻感负载时需考虑负载阻抗角对单相交流调压电路运行的影响,如图 6.3 所示。定义负载阻抗角为 $\varphi=\arctan(\omega L/R)$,简称**阻抗角**。阻抗角在一定程度上体现了电感的续流能力,阻抗角越大,意味着电感续流的电角度越大。若用导线将晶闸管直接短接,则负载电压 u_{o} 将跟随输入电压 u_1 正弦变化,负载电流 i_{o} 的相位滞后负载电压的角度为 φ。根据触发角 α 和阻抗角 φ 的关系不同,电路可分为以下两种工作情况:

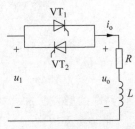

图 6.3 相控式阻感负载
单相交流调压电
路原理图

(1) $\varphi\leqslant\alpha\leqslant\pi$ 时的电路波形如图 6.4 所示。$\varphi\leqslant t\leqslant\alpha$ 时,晶闸管不导通,其两端电压 u_{VT} 跟随电源电压 u_1 变化,如图 6.4(b)所示。由图 6.4(c)可以看出,晶闸管导通时负载电压 u_{o} 与电源电压 u_1 波形完全相同。由于电感电流不跃变,α 时刻 VT_1 开始导通,负载电流 i_{o} 从零开始变化。由于负载电

流的滞后性,当电源电压反向过零时负载电感产生感应电动势阻止电流的变化,负载电流不能立即为零而是一个正值,使晶闸管 VT_1 继续导通 φ 角度。直至 $\pi+\varphi$ 时刻,i_o 降为 0 时,晶闸管 VT_1 才关断。

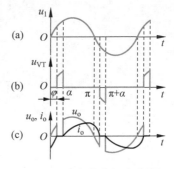

$\alpha=\varphi$ 时负载电流只有稳态分量,晶闸管的导通角 $\theta=\pi$,电流连续。在这种状态下电感续流结束时刻正好是下一个控制脉冲到来的时刻,负载电流处于临界连续状态,负载电压是完整的正弦波($u_o=u_1$),而负载电流则是一个滞后于电压 φ 角度的纯正弦波,相当于交流开关短接,电路无调压作用。

图 6.4　阻感负载单相交流调压
电路波形($\varphi\leqslant\alpha\leqslant\pi$)

当 α 时刻导通晶闸管 VT_1,负载电流应该满足如下微分方程:

$$L\frac{\mathrm{d}i_o}{\mathrm{d}t}+Ri_o=\sqrt{2}U_1\sin\omega t \tag{6.5}$$

代入初始条件

$$i_o\mid_{\omega t=\alpha}=0 \tag{6.6}$$

求解式(6.5)得

$$i_o=\frac{\sqrt{2}U_1}{Z}\left[\sin(\omega t-\varphi)-\sin(\alpha-\varphi)\mathrm{e}^{\frac{\alpha-\omega t}{\tan\varphi}}\right],\quad \alpha\leqslant\omega t\leqslant\alpha+\theta \tag{6.7}$$

其中,$Z=\sqrt{R^2+(\omega L)^2}$ 是负载阻抗。

由式(6.7)可以看出负载电流由两部分组成,$i_1(t)$ 为电流的稳态分量,它滞后于电压 φ 角;$i_2(t)$ 是不断衰减的电流自由分量,分别表示为

$$i_1=\frac{\sqrt{2}U_1}{Z}\sin(\omega t-\varphi) \tag{6.8}$$

$$i_2=-\frac{\sqrt{2}U_1}{Z}\sin(\alpha-\varphi)\mathrm{e}^{\frac{\alpha-\omega t}{\tan\varphi}} \tag{6.9}$$

当 $\omega t=\alpha+\theta$ 时 $i_o=0$,将此条件代入式(6.7)可求得 θ 满足

$$\sin(\alpha+\theta-\varphi)=\sin(\alpha-\varphi)\mathrm{e}^{-\frac{\theta}{\tan\varphi}} \tag{6.10}$$

以 φ 为参变量,可以得出晶闸管导通角 θ 和触发角 α 的关系,用图 6.5 所示的一簇不同参变量 φ 下的导通角 θ 和触发角 α 的关系曲线表示。

由图 6.5 可以看出,当 $\alpha=\varphi$ 时,导通角 θ 刚好等于 π;当 $\alpha>\varphi$ 时导通角 θ 小于 π。如图中虚线所示,当 $\alpha=\varphi=60°$ 时导通角 $\theta=\pi$;当 $\alpha=60°$ 且 $\alpha>\varphi$ 时,$\theta<\pi$。

阻感负载单相交流调压电路中,负载电压有效值 U_o 为

$$U_o=\sqrt{\frac{1}{\pi}\int_\alpha^{\alpha+\theta}(\sqrt{2}U_1\sin\omega t)^2\mathrm{d}(\omega t)}$$

$$=U_1\sqrt{\frac{\theta}{\pi}+\frac{1}{2\pi}\left[\sin2\alpha-\sin(2\alpha+2\theta)\right]} \tag{6.11}$$

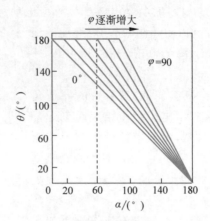

图 6.5　以 φ 为参变量的 θ 和 α 关系曲线

晶闸管电流有效值 I_{VT} 为

$$I_{\mathrm{VT}} = \sqrt{\frac{1}{2\pi}\int_{\alpha}^{\alpha+\theta}\left\{\frac{\sqrt{2}U_1}{Z}\left[\sin(\omega t - \varphi) - \sin(\alpha - \varphi)\mathrm{e}^{\frac{\alpha-\omega t}{\tan\varphi}}\right]\right\}^2 \mathrm{d}(\omega t)}$$

$$= \frac{U_1}{\sqrt{2\pi}Z}\sqrt{\theta - \frac{\sin\theta\cos(2\alpha + \varphi + \theta)}{\cos\varphi}} \tag{6.12}$$

负载电流有效值为 I_{o} 为

$$I_{\mathrm{o}} = \sqrt{2}\,I_{\mathrm{VT}} \tag{6.13}$$

晶闸管电流的标幺值 I_{VTN} 为

$$I_{\mathrm{VTN}} = I_{\mathrm{VT}}\frac{Z}{\sqrt{2}U_1} \tag{6.14}$$

（2）当 $\alpha < \varphi$ 时，在某一时刻触发 VT_1，由于 L 被过充电，放电时间延长，VT_1 结束导通时刻超过 $\pi + \varphi$。触发 VT_2 时 i_{o} 尚未过零，VT_1 仍导通，VT_2 不通。当 i_{o} 过零后若门极触发脉冲保持，则 VT_2 开通，VT_2 导通角小于 π。此时式（6.5）～式（6.7）得到的 i_{o} 表达式仍然适用，只是 $\alpha \leqslant \omega t < \infty$。

需要注意的是，此工作模式下不能用窄脉冲触发，否则会发生有一只晶闸管无法导通的现象，电流会出现很大的直流分量，会对交流电机类负载及电源变压器的运行带来严重危害；当触发脉冲为宽脉冲或脉冲列时，晶闸管首次导通所产生的电流自由分量，在衰减到零以后，电路中也就只存在电流稳态分量。由于电流连续，电路稳态时无调压作用。

可见，在阻感负载时，要实现交流调压的目的，则最小触发角 $\alpha = \varphi$。所以 α 的移相范围为 $\varphi \sim \pi$；电阻负载时 α 的移相范围为 $0 \sim \pi$。

例 6-2　一单相交流调压电流，电源为工频 220V，阻感串联作为负载，其中 $R = 0.5\Omega$，$L = 2\mathrm{mH}$。试求：

（1）触发角 α 的变化范围；

（2）负载电流的最大有效值；

（3）最大输出功率及此时电源侧的功率因数；

(4) 当 $\alpha = \dfrac{\pi}{2}$ 时, 晶闸管电流有效值、晶闸管导通角和电源侧功率因数。

解: (1) 负载阻抗角为

$$\varphi = \arctan \frac{\omega L}{R} = \arctan \frac{2\pi \times 50 \times 2 \times 10^{-3}}{0.5} = 51.5°$$

所以 α 的变化范围满足 $51.5° \leqslant \alpha \leqslant 180°$。

(2) $\alpha = \varphi$ 时, 电流连续且最大, 此时负载电流的有效值最大, 为

$$I_o = \frac{U_o}{|Z|} = \frac{220}{\sqrt{0.5^2 + (2\pi \times 50 \times 2 \times 10^{-3})^2}} = 274\text{A}$$

(3) 最大输出功率为

$$P = U_o I_o = U_1 I_o = 220 \times 274 = 60.3\text{kW}$$

电源侧的功率因数为

$$\lambda = \frac{P}{S} = \frac{U_o I_o}{U_1 I_o} = 1$$

(4) 由公式 $\sin(\alpha + \theta - \varphi) = \sin(\alpha - \varphi)\text{e}^{-\frac{\theta}{\tan\varphi}}$ 可知, 当 $\alpha = \dfrac{\pi}{2}$ 时, 有

$$\cos(\theta - \varphi) = \text{e}^{-\frac{\theta}{\tan\varphi}}\cos\varphi$$

对上式求导, 可得

$$-\sin(\theta - \varphi) = -\frac{1}{\tan\varphi}\text{e}^{-\frac{\theta}{\tan\varphi}}\cos\varphi$$

由 $\sin^2(\theta - \varphi) + \cos^2(\theta - \varphi) = 1$ 可得

$$\text{e}^{-\frac{2\theta}{\tan\varphi}}\left(1 + \frac{1}{\tan^2\varphi}\right)\cos^2\varphi = 1$$

那么, 晶闸管导通角为

$$\theta = -\tan\varphi\ln\tan\varphi = 136°$$

晶闸管电流有效值为

$$I_{VT} = \frac{U_1}{\sqrt{2\pi}Z}\sqrt{\theta - \frac{\sin\theta\cos(2\alpha + \varphi + \theta)}{\cos\varphi}} = 122\text{A}$$

电源侧功率因数为

$$\lambda = \frac{U_o I_o}{U_1 I_o} = \frac{U_o}{U_1} = \sqrt{\frac{\theta}{\pi} - \frac{\sin 2\alpha - \sin(2\alpha + 2\theta)}{\pi}} = 0.66$$

6.1.2 斩波控制

斩控式交流调压也称为交流 PWM 调压, 一般采用全控性器件作为开关器件, 基本原理和直流斩波电路类似。图 6.6 是斩控式单相交流调压电路原理图, 其中 $V_1 \sim V_4$ 为 IGBT, $D_1 \sim D_4$ 为二极管, S_1 和 S_2 分别为用于斩波控制和续流控制的开关器件。

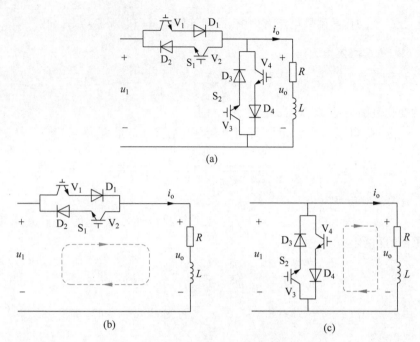

图 6.6 斩控式单相交流调压电路原理图

1. 电阻负载

当图 6.6 所示电路中的电感 L 为 0 时,即纯电阻负载电路,此时续流开关 S_2 可有可无。在 u_1 正半周,V_1 进行 PWM 通断控制;在 u_1 负半周,V_2 进行 PWM 通断控制。图 6.7(b)是电阻负载时斩控调压波形。负载电流 $i_o = u_o/R$,波形与 u_o 相似。

设斩波器件 S_1 导通时间为 t_{on},整个开关周期为 T,则导通比 $\alpha = \dfrac{t_{on}}{T}$,改变 α 可调节输出电压。电源电流不含低次谐波,只含和开关周期 T 有关的高次谐波,此时的功率因数接近 1。

2. 阻感负载

图 6.6(b)和(c)表示 V_1 斩波控制、V_3 恒通的状态。电流沿图 6.6(b)中所示的方向流过负载,构成 6.6(c)所示的回路为电感提供续流。

图 6.7(c)是阻感负载时斩控调压电路输出电压 u_o 和电流基波 i_{o1} 的波形图,φ_1 代表负载的基波阻抗角。电压 u_o 的分析和电阻负载时完全相同。由于电感的电流滞后作用,i_{o1} 滞后 u_o 的角度为 φ_1。在 B 区和 D 区,u_o 和 i_{o1} 方向相

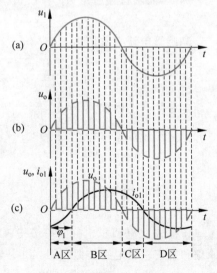

图 6.7 斩控式交流调压波形

同,电阻耗能,电感储能;在 A 区和 C 区,u_o 和 i_{o1} 方向相反,电感是放电状态,向电源反馈无功电能,电阻耗能。

6.2　三相交流调压电路

6.2.1　相位控制

工业中交流电源多为三相系统,三相交流调压电路(Three-Phase AC Voltage Regulating Circuit)也广泛应用。三相相控交流调压电路按照线路的接线方式不同可分为线路控制、支路控制和中点控制;按照负载和开关的连接方式不同可分为三角形连接和星形连接。图 6.8 给出了星形连接的电阻负载三相交流调压电路。

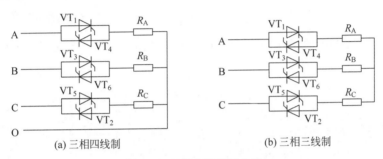

(a) 三相四线制　　　　　　　(b) 三相三线制

图 6.8　三相交流调压电路

如图 6.8(a)所示的三相四线制交流调压电路,相当于三个单相交流调压电路的组合,三相互相错开 120°工作,晶闸管导通顺序为 $VT_1 \rightarrow VT_2 \rightarrow VT_3 \rightarrow VT_4 \rightarrow VT_5 \rightarrow VT_6$,依次滞后间隔 60°。该电路中除了基波和 3 的整数倍谐波以外的谐波在三相之间流动,不流过中性线。三相中,3 的整数倍次谐波同相位且全部流过中性线,因此导致中性线中有很大的 3 的整数倍次谐波电流。触发角 $\alpha = 90°$ 时,中性线电流甚至和各相电流的有效值接近,这是三相四线制接线方式的主要问题。

若去掉中性线,则由三相四线制变为如图 6.8(b)所示的三相三线制交流调压电路。该电路 3 的整数倍次谐波将没有通路,注入电网的电流就没有 3 的整数倍次谐波。三相三线制交流调压电路的正常工作必须满足以下条件:

(1) **相位条件**。三相的触发脉冲应依次相差 120°,同一相的两只反并联晶闸管触发脉冲应相差 180°。因此,和三相桥式全控整流电路一样,触发脉冲顺序也是 $VT_1 \rightarrow VT_2 \rightarrow VT_3 \rightarrow VT_4 \rightarrow VT_5 \rightarrow VT_6$,依次相差 60°。

(2) **脉宽条件**。为保证任何情况下的两只晶闸管同时导通,应该采用宽度大于 60°的宽脉冲(列)或采用间隔为 60°的双窄脉冲触发。

由于相电压过零处定位为控制角 α 的起点,考虑到三相三线制交流调压电路两相间导通是靠线电压导通的,而线电压超前相电压 30°,所以三相三线制交流调压电路的移相范围为 0°～150°。随着控制角 α 的变化,电路有三种工作模式:

模式Ⅰ：三相中各有一只晶闸管导通,此时负载相电压就是电源相电压。

模式Ⅱ：两相中各有一只晶闸管导通,另一相不导通。此时导通两相的负载串接在这两相电源上,因此导通相的负载相电压是电源线电压的一半。

模式Ⅲ：三相晶闸管均不导通,此时负载电压为零。

根据任一时刻导通晶闸管的只数以及半个周波内电流是否连续,可将 0°～150°移相范围分为如下三段:

① 0°≤α<60°。

α＝0°时触发导通 VT_1,以后每隔 60°依次触发导通 VT_2、VT_3、VT_4、VT_5、VT_6。由于任何时候均有三只晶闸管同时导通,且晶闸管全开放,负载获得全电压。负载电压与电源电压相等。当 α>0°后,电路工作与模式Ⅰ和模式Ⅱ交替状态,每只晶闸管导通角 180°－α。以 α＝30°为例,波形图如图 6.9(a)所示,具体分析如下:

$t＝0$ 时刻,VT_5、VT_6 导通,VT_1 关断,A 相线路没有晶闸管导通,负载电压 $u_{an}＝0$。

$t＝\dfrac{\pi}{6}$ 时刻,触发导通 VT_1,B 相的 VT_6 和 C 相的 VT_5 仍承受正向电压保持导通。

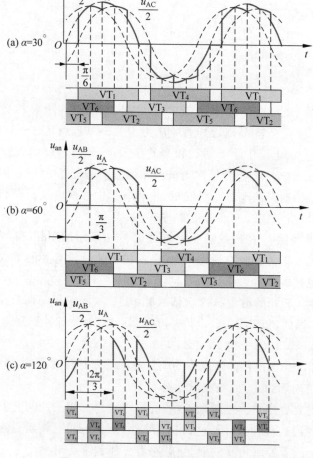

图 6.9   三相三线制交流调压电路波形

由于 VT_5、VT_6、VT_1 同时导通,三相均有电流,因此 A 相负载电压 $u_{an} = u_A$。

$t = \dfrac{\pi}{3}$ 时刻,VT_5 关断,VT_2 无触发脉冲不导通,三相中仅有 VT_6 和 VT_1 导通。此时线电压 u_{AB} 施加在两相负载上,故 A 相负载电压 $u_{an} = u_{AB}/2$。

$t = \dfrac{\pi}{2}$ 时刻,VT_2 触发导通,此时 VT_6、VT_1、VT_2 同时导通,A 相负载电压 $u_{an} = u_A$。

$t = \dfrac{2\pi}{3}$ 时刻,VT_6 关断,仅有 VT_1、VT_2 导通,此时 A 相负载电压 $u_{an} = u_{AC}/2$。

$t = \dfrac{5\pi}{6}$ 时刻,VT_3 触发导通,此时 VT_1、VT_2、VT_3 同时导通,A 相负载电压 $u_{an} = u_A$。

② $60° \leqslant \alpha < 90°$。

此时任意时刻均是两只晶闸管导通,每只晶闸管导通角为 120°,电路工作在模式 Ⅱ。以 $\alpha = 60°$ 为例,波形如图 6.9(b)所示。电路分析方法和 $\alpha = 30°$ 时一样,这里不再赘述。

③ $90° \leqslant \alpha < 150°$。

此时工作状态是两只晶闸管导通和无晶闸管导通交替,即模式 Ⅱ 和模式 Ⅲ 交替运行。每管导通角为 $300° - 2\alpha$。以 $\alpha = 120°$ 为例,波形如图 6.9(c)。电路分析方法和 $\alpha = 30°$ 时一样,同样不再赘述。

值得注意的是,三相交流调压电路在阻感下的情况要比单相电路复杂得多,很难用数学表达式进行描述。从实验可知,当三相交流调压电路带阻感负载时同样要求触发脉冲为宽脉冲,而脉冲移相范围为 $0° \leqslant \alpha \leqslant 150°$。随着 α 的增大,输出电压减小。

6.2.2 斩波控制

如图 6.10 所示为三相斩控式交流调压电路,它由三只串联开关 V_1、V_2、V_3 以及一个续流开关 V_4 组成,串联开关共用一个控制信号 u_g,它与续流开关的控制信号 u_{g4} 在相

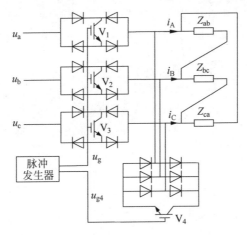

图 6.10 三相斩控式交流调压电路

位上互补。当 V_1、V_2、V_3 导通时，V_4 关断，负载电压等于电源电压；当 V_4 导通时，V_1、V_2、V_3 均关断，负载电压沿 V_4 续流，负载电压为零。

6.3 交流调功电路和电力电子开关

6.3.1 交流调功电路

当交流调压电路采用通断控制时，还可以实现交流调功和交流无触类开关的功能。**交流调功电路**（AC Power Regulating Circuit）和交流调压电路的电路形式完全相同，只是控制方式不同。交流调功电路不是在每个交流电源周期都对输出电压波形进行控制，而是将负载与交流电源接通几个整周波，再断开几个整周波，通过改变接通周波数与断开周波数的比值来调节负载所消耗的平均功率。这种电路直接调节的对象是电路的平均输出功率，所以称为交流调功电路。由于晶闸管导通都在电源电压过零时刻，因此负载电压和电流均为完整正弦波，不会对电网产生谐波污染。

假设控制周期为 M 倍的电源周期，其中晶闸管在前 N 个周期导通，后 $M-N$ 个周期关断。当 $M=3$、$N=2$ 时，电路的输出波形如图 6.11 所示。可以看出，负载电压和负载电流（电源电流）的重复周期为 M 倍电源周期。在负载为电阻时，由于 $i_o=u_o/R$，负载电流波形与负载电压波形的相位差为零，波形相似。

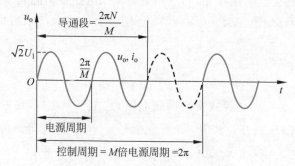

图 6.11　交流调功电路波形（$M=3$，$N=2$）

设输入电压 $u_1=\sqrt{2}U_1\sin\omega t$，则输出电压的有效值为

$$U_o=\sqrt{\frac{1}{2\pi}\int_0^{\frac{2\pi N}{M}}u_1^2\mathrm{d}(\omega t)}=\sqrt{\frac{N}{M}}U_1 \qquad (6.15)$$

因此，周期占空比 $D=\dfrac{N}{M}$，负载功率为

$$P_o=\frac{U_o^2}{R}=\frac{DU_1^2}{R} \qquad (6.16)$$

图 6.12 是两种不同的控制通断方式，但所实现的调功效果是一样的。图中 T_C 表示整个控制周期，T 表示电源周期。当 $\dfrac{N}{M}=25\%$ 时，可以是如图 6.12(a)所示的连续导通两

个完整周期的正弦波,也可以是如图 6.12(b)所示的不连续导通方式。

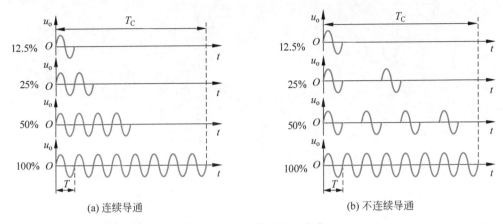

图 6.12 两种通断工作方式

假设在设定周期 T_C 内导通的周波数为 n,每个周波的周期为 T,U_n 和 P_n 分别是在周期 T_C 内全部周波导通时输出电压的有效值和输出的有效功率,U 和 P 分别是调功后输出电压的有效值和有效功率,则有

$$U = \sqrt{\frac{nT}{T_C}} U_n \tag{6.17}$$

$$P = \frac{nT}{T_C} P_n \tag{6.18}$$

6.3.2 电力电子开关

交流电力电子开关是将晶闸管反向并联后串入交流电路中来代替机械开关,起接通和断开电路的作用。与传统机械开关相比,电力电子开关响应速度快、无触点寿命长、可频繁控制通断,且控制晶闸管总是在电流过零时关断,在关断时不会因负载或线路电感储存能量而造成过电压和电磁干扰。交流电力电子开关与交流调功电路的区别是:

(1) 只控制通断,并不控制电路的平均输出功率;

(2) 没有明确的控制周期,只是根据需要控制电路的接通和断开;

(3) 控制频度通常比交流调功电路低。

例如,公用电网中,晶闸管投切电容器(Thyristor Switched Capacitor,TSC)的投入与切断是控制无功功率的重要手段。通过对无功功率的控制可以提高功率因数,稳定电网电压,改善用电质量。

如图 6.13 所示,在 t_1 时刻导通 VT_2,电容 C 放电,反向电流增大;当电容两端电压下降至零时,放电完毕,流经的电流 i_C 反向最大。随后电容器两端电压反向增大,t_2 时刻至最大值,电流 i_C 下降到零,此时 VT_2 关断,同时 VT_1 触发导通,电流开始正向增大。当电容两端电压再次过零时,i_C 正向最大,随后电容器两端电压正向增大,t_3 时刻至最大

值,流过其中的电流下降到零,VT_1 关断,同时触发晶闸管 VT_2 导通,如此循环。

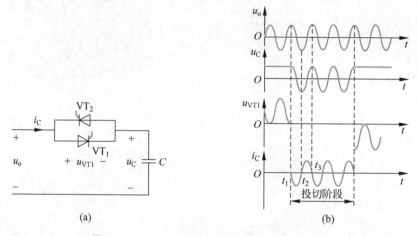

图 6.13　TSC 理想投切时刻电路原理图及波形

晶闸管投切时间的选择原则是投入时刻交流电源电压和电容预充电电压相等,以防止因电容电压跃变产生冲击电流。理想情况下,希望电容预充电电压为电源电压峰值,这时电源电压的变化率为零,电容投切过程中不仅没有冲击电流,电流也没有阶跃变化。

6.4　交-交变频电路

交-交变频电路是不通过中间直流环节,把电网频率的交流电直接变换成可调频率(低于交流电源频率)交流电的变流电路,包括单相交-交变频电路和三相交-交变频电路,广泛应用于大功率交流电动机调速传动系统。

6.4.1　单相交-交变频电路

1. 工作原理

单相交-交变频电路由相同的两组晶闸管变流电路反并联构成,如图 6.14(a)所示,其中正组变流器 P 和反组变流器 N 都是相控整流电路。如果正组变流器工作,反组变流器被封锁,负载端得到输出电压为上正下负;反之,则输出电压为上负下正。这样,只要交替地以低于电源的频率切换正、反组变流器的工作状态,在负载端就可以获得交变的输出电压。

如果在一个周期内控制角 α 是固定不变的,则输出电压波形为图 6.14(b)所示的矩形波。此种方式控制简单,但矩形波中含有大量的谐波,对电动机类负载的运行很不利。如果控制角 α 不固定且变流器组 P 和 N 都是三相半波可控整流电路,阻感负载在理想情况下的正弦型交-交变频电路输出电压波形如图 6.14(c)所示。在正弦波的半个工作周期内,使控制角 α 从 90° 逐渐减小到 0°,然后再由 0° 逐渐增大到 90°,那么输出电压的平均

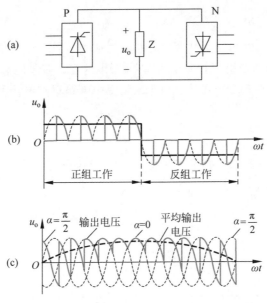

图 6.14　单相交-交变频电路原理图和输出电压波形

值就按正弦规律变化。在另外半个周期内采用同样的控制方法,就可以得到接近正弦波的输出电压。

当晶闸管触发角 $\alpha=0$,平均输出电压 u_d 最大;随着 α 的增大,u_d 值减小,当 $\alpha=\dfrac{\pi}{2}$ 时,$u_d=0$。由于整流电压波形上部包围的面积比下部大,总功率为正,从电源供向负载,此时正组变流器工作在整流状态。当正组变流器的控制角 α 在 $\dfrac{\pi}{2}\rightarrow\pi\rightarrow\dfrac{\pi}{2}$ 变化时,变流器输出平均电压为负值。由于整流电压波形下部包围的面积比上部大,总的功率为负,从负载流向电源,此时正组变流器工作在逆变状态。在 $[0,\pi]$ 的范围内调节 α,改变正弦平均输出电压的幅值,达到调压的目的。反组变流器的工作原理类似。

在正弦波交-交变频电路的运行中,正、反两组变流器的 α 角要不断加以调制,使输出电压平均值为正弦波;同时也需按规定频率不停地进行切换正、反两组变流器,以输出可变频率交流。

值得注意的是,正、反两组变流器切换时,不能简单地将原来工作的变流器封锁,同时将原来封锁的变流器立即开通。因为已开通的晶闸管并不能在触发脉冲消失的一瞬间立即被关断,必须承受反向电压时才能关断。如果两组变流器切换时触发脉冲的封锁和开放同时进行,原先导通的变流器不能立即关断,而原来封锁的变流器已经开通,将出现两组变流器同时导通的现象,会产生很大的短路电流,使晶闸管损坏。为了防止在负载电流反向时产生环流,将原来工作的变流器封锁后,必须留有一定死区时间,再开通另一组变流器。这种两组变流器在任何时刻只有一组工作,在两组之间不存在环流,称为**无环流控制方式**。交-交直接变频电路大多采用无环流控制方式。

2. 工作过程

交-交变频电路的负载可以是电感性、电阻性或电容性。下面以常用的阻感负载为例,说明组成变频电路的两组可控整流电路的工作过程。对于阻感负载,假设负载阻抗角为 φ,则输出电流滞后输出电压 φ,单相交-交变频电路输出电压和电流波形如图 6.15 所示。

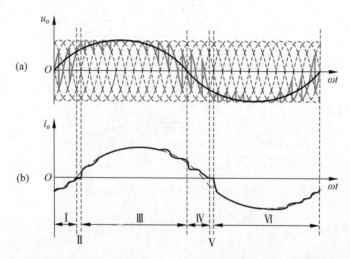

图 6.15 单相相控交-交变频电路输出电压和电流波形

第 Ⅰ 阶段:输出电压为正,由于电流滞后,$i_o < 0$。因为变流器的输出电流具有单向性,负载的负向电流必须由反组变流器输出,则此阶段为反组变流器工作,正组变流器被封锁。由于 u_o 为正,则反组变流器必须工作在有源逆变状态,输出负功率。

第 Ⅱ 阶段:电流过零,为无环流死区。

第 Ⅲ 阶段:$i_o > 0$,$u_o > 0$。电流方向为正,此阶段正组变流器工作,反组变流器被封锁。由于 u_o 为正,则正组变流器必须工作在整流状态,输出正功率。

第 Ⅳ 阶段:$i_o > 0$,$u_o < 0$。由于电流方向没有改变,正组变流器工作,反组变流器仍被封锁,由于电压方向为负,则正组变流器工作在有源逆变状态,输出负功率。

第 Ⅴ 阶段:电流为零,为无环流死区。

第 Ⅵ 阶段:$i_o < 0$,$u_o < 0$。电流方向为负反组变流器工作,正组变流器被封锁。此阶段反组变流器工作在整流状态,输出正功率。

3. 余弦交点法

要使输出电压波形接近正弦波,必须在一个控制周期内,α 角按一定规律变化,使得交流电路在每个控制间隔内的输出平均电压按正弦变化。最常用的是余弦交点法。

设 U_{d0} 为 $\alpha = 0$ 时整流电路的理想空载电压,τ 为触发脉冲出现的时刻,则变流电路在每个控制间隔输出的平均电压为

$$U_d = U_{d0} \cos\alpha \tag{6.19}$$

设期望的正弦波输出电压为

$$u_o = U_{om} \sin\omega_o t \tag{6.20}$$

比较式(6.19)和式(6.20),令输出电压调制比 $\gamma = U_{om}/U_{d0}$($0 \leqslant \gamma \leqslant 1$),则有

$$\cos\alpha = \frac{U_{om}}{U_{d0}} \sin\omega_o t = \gamma \sin\omega_o t \tag{6.21}$$

求解得到余弦交点法的基本公式

$$\alpha = \arccos(\gamma \sin\omega_o t) \tag{6.22}$$

利用式(6.22),通过计算机控制系统可以很方便地实现正弦波电压的输出。

如图 6.16 所示,线电压 u_{ab}、u_{ac}、u_{bc}、u_{ba}、u_{ca}、u_{cb} 分别用 $u_1 \sim u_6$ 表示,且 $u_1 \sim u_6$ 所对应的同步余弦信号分别用 $u_{s1} \sim u_{s6}$ 表示,$u_{s1} \sim u_{s6}$ 比 $u_1 \sim u_6$ 超前。设 $u_r = \sqrt{2}U_1 \sin\omega_r t$ 为期望输出的理想正弦电压波形,实际变频输出交流电 u_o 是由 $u_1 \sim u_6$ 的各片段组成的。

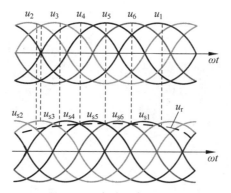

图 6.16 余弦交点法原理

为使输出实际正弦电压波形的谐波分量尽可能少,将第一只晶闸管导通时的电压偏差 $u_r - u_1$ 与让下一只晶闸管导通时的偏差 $u_2 - u_r$ 相比较,如果 $u_r - u_1 < u_2 - u_r$,则输出电压沿 u_1 段;如果 $u_r - u_1 > u_2 - u_r$,则应及时切换至 u_2 段。因此可得由 u_1 换流至 u_2 的条件为

$$u_r = \frac{u_1 + u_2}{2} \tag{6.23}$$

u_r 轨迹与信号 u_{s2} 一致。同理,由 u_i 换流至 u_{i+1} 的条件为

$$u_r = \frac{u_i + u_{i+1}}{2} \tag{6.24}$$

分别与 $u_{s(i+1)}$ 的轨迹一致。

可以发现,正弦波 $u_{s1} \sim u_{s6}$ 的峰值正好处于相邻两个线电压波形上相当于触发角 $\alpha = 0$ 的位置上,故应由相应的同步电压 $u_{s1} \sim u_{s6}$ 的下降段和 u_o 的交点时刻决定导通晶闸管的时刻,从而使交-交变频电路输出接近于正弦波的瞬时电压波形。

4. 输入/输出特性

1) 输出上限频率

相控交-交变频电路输出电压是由若干段电源电压拼接而成。输出频率增加时,输出电压一周期所含电网电压段数减小,波形畸变严重。电压波形畸变及其导致的电流波形畸变和转矩脉动,是限制输出频率提高的主要因素。就输出波形畸变和输出上限频率的关系而言,很难确定一个明确的界限。当采用六脉波三相桥式电路时,输出上限频率不可高于电网频率的 $\frac{1}{3} \sim \frac{1}{2}$。对于我国电网工频 50Hz 而言,交-交变频电路的输出上限频率约为 20Hz。

2) 输入功率因数

由于交-交变频电路的控制方式为相位控制,输入电流相位滞后输入电压,需要电网提供无功功率。图 6.17 给出了不同输出电压调制比 γ 的情况下,α 随 $\omega_o t$ 变化的情况。满足关系 $\alpha = \arccos(\gamma \sin \omega_o t) = \frac{\pi}{2} - \arcsin(\gamma \sin \omega_o t)$。

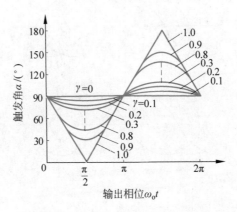

图 6.17 不同 γ 时 α 和 $\omega_o t$ 的关系

在交-交变频电路输出的一周期内,触发角 α 的变化规律反映了输入功率因数的变化。α 以 90° 为中心变化,输出电压调制比 γ 越小,半周期内 α 的值越接近 90°,输入功率越低。

3) 输出电压谐波和输入电流谐波

交-交变频电路输出电压的谐波频谱非常复杂,与输入频率 f_i、输出频率 f_o 以及变流电路脉波数都有关。采用三相桥式的交-交变频电路的输出电压所含主要谐波的频率为 $6f_i \pm f_o$,$6f_i \pm 3f_o$,$6f_i \pm 5f_o$,…。

单相交-交变频电路的输入电流波形和可控整流电路的输入波形类似,但其幅值和相位均按正弦规律被调制。

采用三相桥式电路的交-交变频电路输入电流谐波频率为 $f_{in} = |(6k+1)f_i \pm 2lf_o|$,$f_{in} = |f_i \pm 2kf_o|$,式中 $k = 1, 2, 3, \cdots$,$l = 0, 1, 2, \cdots$。与可控整流

电路输入电流的谐波相比,交-交变频电路输入电流的频谱要复杂得多,但各次谐波的幅值要比可控整流电路的谐波幅值小。

6.4.2 三相交-交变频电路

相控式交-交变频电路中应用最多的是三相输出的交-交变频电路,广泛应用于低速(600r/min 以下)、大功率(500kW 以上)的交流电动机传送。三相输出相控交-交变频电路是由三组输出电压相位各差 120°的单相交-交变频电路组成,主要有两种接线方式:公共交流母线进线方式和输出星形连接方式。

1. 公共交流母线进线方式

图 6.18 为公共交流母线进线三相交-交变频电路图。它由 3 组彼此独立、输出电压相位相互错开 120°的单相交-交变频电路构成,它们的电源进线电抗器接在公共的交流母线上。因为电源进线端公用,所以 3 组单相交-交变频电路的输出端必须隔离。为此,交流电动机的 3 个绕组必须拆开,共引出 6 根线。它主要用于中等容量的交流调速系统。

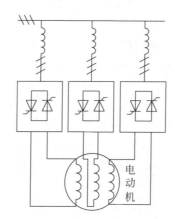

图 6.18 公共交流母线进线三相交-交变频电路图(简图)

2. 输出星形连接方式

图 6.19(a)为输出星形连接方式三相交-交变频电路图,图 6.19(b)是详细电路图。电路的输出端是星形连接,电动机的 3 个绕组也是星形连接,电动机的中点不和变频电路中性点接在一起,电动机只引出 3 根线即可。同时其电源进线必须隔离,因此 3 组单相交-交变频电路分别用 3 个变压器供电。

由于输出端中点不和电动机组中点相连接,所以在构成三相变频电路的六组桥式电路中,至少要有不同输出相的两组中的四只晶闸管同时导通才能构成回路,产生电流。和整流电路一样,同一组桥内的两只晶闸管靠双触发脉冲保证同时开通。两组桥之间是靠各自的足够宽的触发脉冲,以保证同时导通。

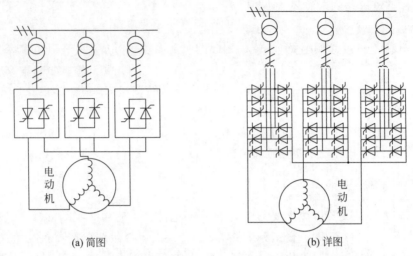

(a) 简图   (b) 详图

图 6.19 输出星形连接方式三相交-交变频电路图

6.5 组合式交流变流电路

基本的变流电路分为整流(AC-DC)、斩波(DC-DC)、逆变(DC-AC)、变频(AC-AC)四类。将其中某几种基本的电路组合起来,以实现一定的新功能,即构成组合式变流电路。先将交流电整流为直流电,再将直流电逆变为交流电是先整流后逆变的过程,称为**间接交流变流电路**,它的主要应用有交-直-交变频电路和恒压恒频变流电路;先将直流电逆变为交流电,再将交流电整流为直流电是先逆变后整流的过程,称为**间接直流变流电路**,它的主要应用有各种开关电源。本节主要介绍间接交流变流电路的交-直-交变频电路。

6.5.1 交-直-交变频器的基本原理

交-直-交变频器的结构框图如图 6.20 所示,包括以下三个组成部分。

图 6.20 交-直-交变频器的结构框图

(1) **整流器**:将固定频率和电压的交流电能整流为直流电能,它可以是不可控的,也可以是可控的。

(2) **滤波器**:将脉动的直流量滤波成平直的直流量,可以利用电容对直流电压滤波,也可以利用电感对直流电流滤波。由于逆变器的负载为异步电动机,属于感性负载,无论电动机处于电动或发电制动状态,其功率因数总不会为 1,总会有无功功率的交换,这时要靠中间直流环节的储能元件来缓冲。

（3）**逆变器**：将直流电能逆变为交流电能,直接供给负载,它的输出频率和电压均与交流输入电源无关,称为无源逆变器,是变频器的核心。

图 6.21 给出了一个组合式交-直-交变频电路原理图。其中,图 6.21(a)是整流部分,它将交流电压转换为直流电压；图 6.21(b)是滤波器部分,此处为电容；图 6.21(c)是逆变器,它把直流电逆变为等效交流电的同时完成调频和调压任务。另外,控制电路可以向逆变器发出指令,按规律导通各个器件,使直流变为三相等效交流。A、B、C 三相分别接电动机,当负载电动机转入制动运行时,电动机变为发电状态,其能量通过反馈二极管流入直流中间电路,使直流电压升高,产生泵升电压。

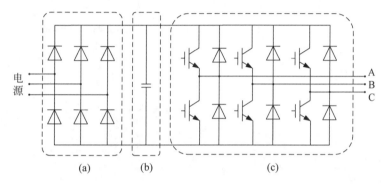

图 6.21　组合式交-直-交变频电路原理图

按照控制方式的不同,交-直-交变频电路产生变压变频(Variable Voltage Variable Frequency, VVVF)交流电的实现方式具体可分为三种：

（1）可控整流器调压、逆变器调频,如图 6.22(a)所示。调压和调频分别在两个环节上进行,两者要在控制电路上协调配合。这种装置结构简单,控制方便,但由于采用可控整流器,当调节得到较低电压时,电网输入端功率因数较低,输出端还易产生较大的谐波成分,一般用于电压变化不太大的场合。

（2）不可控整流器整流、斩波器调压、逆变器调频,如图 6.22(b)所示。该方法采用二极管不可控整流器完成整流,但不调压；在直流环节上设置直流斩波器完成脉宽电压调节,同时能够有效地保证变频器整流侧的功率因数不变；但输出的逆变环节仍会导致谐波较大的问题。

（3）不可控整流器整流、脉宽调制(PWM)逆变器同时调压调频,如图 6.22(c)所示。这种方式有效克服了前两个电路的缺点,采用不可控整流器,可以使输入功率因数更高；采用 PWM 逆变,大大减少输出谐波；且结构简单,性能优良,是目前应用最广泛的变频控制方式。

按直流输入端滤波器种类不同,交-直-交变频器可分为电压型和电流型两种,接下来在 6.5.2 节和 6.5.3 节分别介绍。

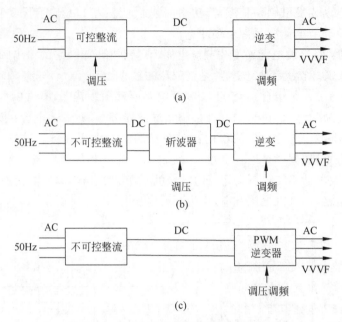

图 6.22　交-直-交变频器的三种实现方式

6.5.2　电压型间接交流变流电路

在交-直-交变频器中,若中间的直流环节采用大电容作为滤波器,使直流电压的波形比较平直,可以近似看作一个内阻抗为零的恒压源,输出的交流电压是矩形波,那么这类变频器可以称为**电压型变频器**。图 6.23 即为典型的电压型间接交流变流电路。

图 6.23 给出 4 种电压型间接交流变流电路。其中,图 6.23(a)是图 6.21 所示电路的简图。作为不能再生反馈电力的电压型间接交流变流电路,电路的整流部分采用的是不可控整流,只能由电源向直流电路输送功率。同时,电路中逆变部分的能量是可以双向流动的,若负载能量反馈到中间直流电路,使直流电压升高而产生过电压,这种过电压称为泵升电压。

为了限制泵升电压,使电路具备再生反馈电力的能力,可在直流侧电容上并联一个由电力晶体管 V_0 和能耗电阻 R_0 组成的泵升电压限制电路,如图 6.23(b)所示。当泵升电压超过一定数值时,使 V_0 导通,把从负载反馈来的能量消耗在电阻 R_0 上。该电路适用于对制动时间有一定要求的系统中。

对于负载电动机频繁的加、减速的场合,上述电路耗能较多,对功率要求高。为此,图 6.23(c)给出了消除泵升电压的另一个方法。它是利用可控变流器实现再生反馈的电压型间接交流变流电路。当负载反馈能量时,可控变流器工作于有源逆变状态,将电能反馈回电网。

图 6.23(d)是整流和逆变均为 PWM 控制的电压型间接交流变流电路,图中整流和逆变电路的构成完全相同,均采用 PWM 控制,能量可双向流动。输入/输出电流均为正

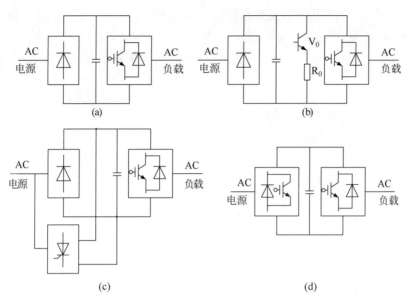

图 6.23　典型的电压型间接交流变流电路

弦波,输入功率因数高,且可实现电动机四象限运行。

6.5.3　电流型间接交流变流电路

　　与电压型间接交流变流电路不同的是,**电流型间接交流变流电路**的中间直流环节采用大电感滤波,直流电流波形比较平直,电源内阻抗较大,对负载来说相当于一个电流源。与图 6.23(a)类似,图 6.24(a)所示的是不能再生反馈电力的电流型间接交流变流电路。当整流电路为不可控二极管组成时,电路不能将负载侧的能量反馈到电源侧。为了使电路具备再生反馈电力的能力,可采用图 6.24(b)所示的可控整流电流型间接交流变流电路。它的整流电路采用晶闸管可控器件组成,当负载回馈能量时,可控变流器工作于有源逆变状态,使中间直流电压反极性。

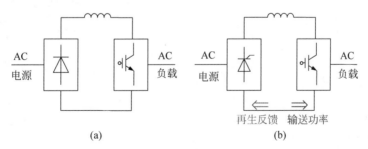

图 6.24　电流型间接交流变流电路

　　图 6.25 是一种电流型交-直-交 PWM 变流电路,适用于大功率电动机的调速。逆变器采用 GTO 作为功率开关器件,并串联二极管以承受反向电压。在换相时,由于电感负

载中的能量给电容充电,从而变换器的输出电压出现电压尖峰。在交流输出侧加入电容可以吸收 GTO 关断产生的过电压,也可以对输出的 PWM 电流起滤波作用。整流器采用晶闸管使整流部分工作在有源逆变状态,把电动机的机械能反馈给交流电网,从而实现快速制动。

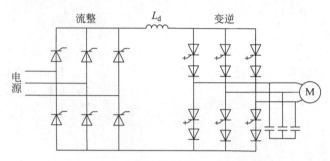

图 6.25　电流型间接交流变流电路原理图

如果要使变流电路的整流部分和逆变部分都采用 PWM 控制,可以将图 6.25 所示电路中整流环节的晶闸管改为全控型电力电子器件,并且在电源侧接入电容以吸收换流过电压。

6.6　交流电力变换电路的 Multisim 仿真

为了为进一步验证分析上述电路的性能,以单相交流调压电路的 Multisim 仿真实验为例进行分析说明。

单相交流调压电路通过触发控制角 α 大小的变化调节输出的电压有效值。其 Multisim 仿真电路如图 6.26 所示,V_1 是峰值电压 220V、频率 50Hz 的交流电源;V_2 和

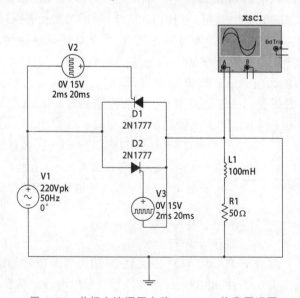

图 6.26　单相交流调压电路 Multisim 仿真原理图

V_3 是脉冲电压发生器,初始值为 0V,脉冲值设为 15V,脉冲宽度为 2ms。由电源频率 50Hz 可得,输入交流电的周期 $T = \dfrac{1}{50}\mathrm{s} = 20\mathrm{ms}$。

6.6.1 电阻负载下单相交流调压电路 Multisim 仿真

此时负载端没有电感,只有电阻,即 $L_1 = 0\mathrm{mH}$,$R_1 = 50\Omega$。由 6.1 节分析可知,晶闸管 D_1、D_2 的触发控制角 α 不同,输出的电压波形不同。可以通过改变门级脉冲的时间,晶闸管延迟 α 角度之后才导通。若延时时间设为 5ms,则控制角的计算公式为 $\alpha = \dfrac{5 \times 2\pi}{20} = \dfrac{\pi}{2}$。已知周期 $T = 20\mathrm{ms}$,V_3 是正向导通,V_2 是反向导通,则 V_3 的脉冲延时时间设为 5ms,V_2 的延时时间应设为 15ms。同理可计算当 $\alpha = \dfrac{\pi}{3}$ 时,V_3 的延时时间应设为 $\dfrac{10}{3}$ms,V_2 的延时时间应设为 10ms。图 6.27(a)、(b)分别是 $\alpha = \dfrac{\pi}{3}$、$\alpha = \dfrac{\pi}{2}$ 时的输出电压波形。

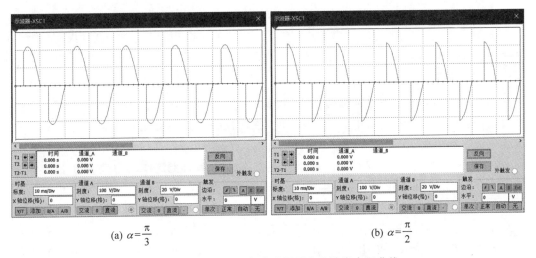

(a) $\alpha = \dfrac{\pi}{3}$ (b) $\alpha = \dfrac{\pi}{2}$

图 6.27 电阻负载单相交流调压电路输出电压曲线

6.6.2 阻感负载下单相交流调压电路 Multisim 仿真

在 6.1 节中提到,阻抗角 $\varphi = \arctan(\omega L/R)$,且单相交流调压电路正常运行的条件是 $\varphi \leqslant \alpha \leqslant \pi$。若设 $L_1 = 100\mathrm{mH}$,$R_1 = 50\Omega$,周期 $T = 20\mathrm{ms}$,则 $\omega = \dfrac{2\pi}{0.02} = 100\pi$,阻抗角 $\varphi = \arctan(\omega L_1/R_1) = \arctan(100\pi \times 0.1/50) \approx 32.14°$。触发控制角 α 设置为 $\dfrac{\pi}{3}$、$\dfrac{\pi}{2}$ 均满

足 $\varphi \leqslant \alpha \leqslant \pi$ 的条件。图 6.28(a)、(b)分别是 $\alpha = \dfrac{\pi}{3}$、$\alpha = \dfrac{\pi}{2}$ 时的输出电压波形。可以看出,由于电感的影响,输出电压出现毛刺现象。

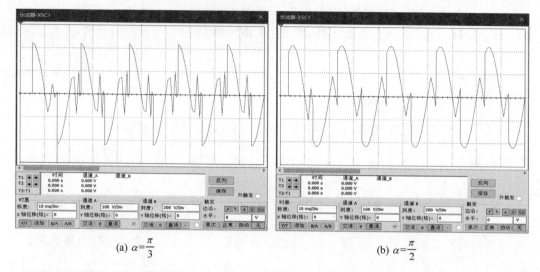

(a) $\alpha = \dfrac{\pi}{3}$ (b) $\alpha = \dfrac{\pi}{2}$

图 6.28   阻感负载单相交流调压电路输出电压曲线

本章小结

本章所述的交流电力变换器包括交流调压电路、交流调功电路、电力电子开关、交-交变频电路和组合式交流变流电路,其中相位控制的单相、三相交流调压电路是最基本的交流电力变换电路,在 6.1 节和 6.2 节进行了重点介绍。它们通过控制电路的通断对电压、电流值进行改变,不改变频率。可以改变交流电功率的交流调功电路在 6.3 节中进行了介绍,除此之外还介绍了电力电子开关的基本概念。6.4 节分别从单相、三相的角度介绍了直接交-交变频电路的电路构成和工作原理可以改变交流电的频率。需要中间直流环节来改变频率的间接变频电路在 6.5 节给出。本章在讲解交流变换电路结构和工作原理的基础上,选取了单相交流调压电路进行 Multisim 仿真验证,进一步分析电路的电压变换作用以及触发控制角对改变输出交流电压相位的影响。

本章习题

1. 一台 220V/10kW 的电炉,采用单相交流调压电路,现使其工作在功率为 5kW 的电路中,试求电路的控制角 α、工作电流及电源侧功率因数。

2. 一个交流单相晶体管调压器,用作从 220V 交流电源送至电阻为 0.5Ω,感抗为 0.5Ω 的串联负载电路的功率。试求:

(1) 控制角范围;

（2）负载电流的最大有效值。

3. 一个交流调功电路，输入电压 $U_i = 220\text{V}$，负载电阻 $R = 5\Omega$。晶闸管导通 20 个周期，关断 40 个周期。试求：

（1）输出电压有效值 U_o；

（2）负载功率 P_o；

（3）输入功率因数 λ_i。

4. 交流调压电路和交流调功电路有什么区别？二者各运用于什么样的负载？为什么？

5. 简述交流电力电子开关与交流调功电路的区别。

6. 变频器有哪些种类？其中电压型变频器和电流型变频器的主要区别在哪里？

7. 晶闸管相控整流器和晶闸管交流调压器在控制上有何区别？

8. 观察日常生活中使用变频器的场合，列举一个例子，简述其原理。

第

7

章

软开关技术

软开关技术是利用零电压、零电流条件控制开关器件的开通和关断,其功能主要是有效地降低电路的开关损耗和开关噪声,在电力电子装置中得到广泛应用。根据软开关技术发展的历程可以将软开关分为准谐振电路、零开关 PWM 电路和零转换 PWM 电路。此外,每一种开关电路都可以用于降压型、升压型等不同电路。本章主要介绍上述几种基本软开关电路的结构和特点。

7.1 开关类型

7.1.1 硬开关

硬开关是指在控制电路的开通和关断过程中,电压和电流的变化剧烈,并产生较大的开关损耗和噪声。开关损耗随着开关频率的提高而增加,使电路效率下降;开关噪声给电路带来严重的电磁干扰,影响周边电子设备的工作。下面以降压电路为例说明。

一般来说,如图 7.1(a)所示的降压(Buck)电路,在电路中开通与关断过程中理想化电压电流如图 7.1(b)所示。实际波形如图 7.2 所示,电压、电流有重叠部分,因此产生了开关损耗,且波形存在过冲现象产生了开关噪声,这样的电路也称为典型的硬开关电路。

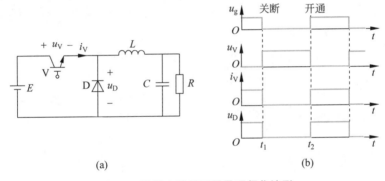

图 7.1 降压电路原理图及理想化波形

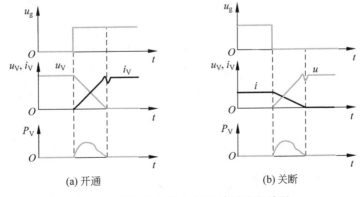

图 7.2 硬开关过程中电压、电流实际波形

7.1.2 软开关

软开关是与硬开关相对的,指在硬开关电路的基础上,增加了小电感、电容等谐振器件,构成辅助换流网络,在开关过程前后引入谐振过程,实现零电压开通,零电流关断,使开关条件得以改善,降低传统硬开关的开关损耗和开关噪声,从而提高电路的效率。软开关过程中电压电流波形如图 7.3 所示。

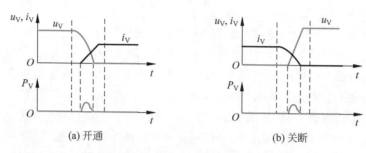

(a) 开通 (b) 关断

图 7.3 软开关过程中电压、电流实际波形

理想的软开通过程:电压先下降到零后,电流再缓慢上升到通态值,所以开通时不会产生损耗和噪声。**理想的软关断过程**:电流先下降到零后,电压再缓慢上升到通态值,所以关断时不会产生损耗和噪声。

软开关技术发展至今,也出现了许多种类型的软开关电路。一般我们根据开关元件开通及关断时的电压电流状态,可分为零电压开通、零电流开通、零电压关断和零电流关断四类。根据软开关技术发展的历程也可以将软开关电路分成**准谐振电路**、**零开关PWM电路**和**零转换PWM电路**。接下来分别针对这三种软开关电路进行详细分析。

7.2 准谐振软开关电路

准谐振电路(Quasi Resonant Circuit,QRC)是最早出现的软开关电路。之所以称为准谐振开关电路,是因为该电路中的谐振仅发生在一个开关周期的部分时间段中,其余时间段内的电路运行在非谐振的工作状态,因此,要求电路中电压或电流的波形为正弦半波。准谐振电路的主要特点:电压峰值很高,要求器件耐压必须提高;谐振电流有效值很大,电路中存在大量无功功率的交换,电路导通损耗加大;谐振周期随输入电压、负载变化而改变,因此电路只能采用**脉冲频率调制**(Pulse Frequency Modulation,PFM)方式来控制。

准谐振电路可分类为**零电压开关准谐振电路**(Zero Voltage Switching Quasi Resonant Circuit,ZVS QRC)、**零电流开关准谐振电路**(Zero Current Switching Quasi Resonant Circuit,ZCS QRC)、**零电压开关多谐振电路**(Zero Voltage Switching Multi Resonant Circuit,ZVS MRC)、**谐振直流环电路**(Resonant DC-Link Circuit,RDCLC)。

7.2.1 零电压开关准谐振电路

以图 7.4(a) 所示的降压型电路为例,给定的电感 L 和电容 C 极大,可等效为电流源和电压源,并忽略电路中的损耗,则电路工作理想化波形如图 7.4(b) 所示。下面选择开关管 V 的关断时刻为起点进行分析。

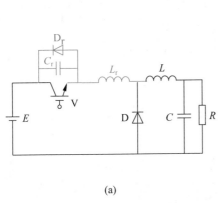 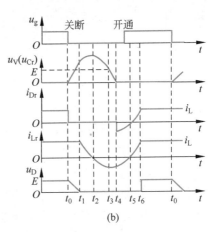

(a)　　　　　　　　　　　(b)

图 7.4　零电压开关准谐振电路原理图及理想化波形

t_0 时刻前,开关管 V 导通,二极管 D 关断,$u_{Cr}=0$,$i_{Lr}=i_L$。

t_0 时刻 V 关断,C_r 开始充电,且使得开关管 V 两端电压缓慢上升,此时的二极管 D 尚未导通,因此电感 L 和 L_r 等效为电流源向电容 C_r 充电,电路回路为 $E \rightarrow C_r \rightarrow L_r \rightarrow L \rightarrow C // R$,考虑到电感 L 极大,因此流经电容 C_r 的电流恒定,有 $i_L = \dfrac{\mathrm{d}u_{Cr}}{\mathrm{d}t}$,可见 u_{Cr} 线性上升,电压左正右负。同时也意味着,二极管 D 两端电压(阴极减阳极)线性减小,至 t_1 时刻,u_D 降为 0,此时 $u_{Cr}=E$。

t_1 时刻,随着 u_{Cr} 继续上升,二极管 D 续流导通(相当于导线,无压降),电路回路为 $(E \rightarrow C_r \rightarrow L_r) // D \rightarrow L \rightarrow C // R$,二极管 D 与 C_r、L_r、E 可视为谐振回路。谐振过程中,L_r 继续向电容 C_r 充电,u_{Cr} 上升,i_{Lr} 下降。

t_2 时刻,i_{Lr} 下降到零,u_{Cr} 达到谐振峰值。之后,C_r 向 L_r 反向充电,电路回路为 $L_r \rightarrow C_r \rightarrow E \rightarrow D$,以及 $L \rightarrow C // R \rightarrow D$。$i_{Lr}$ 开始反向增加,u_{Cr} 开始下降,至 t_3 时刻,$u_{Cr}=E$,i_{Lr} 达到反向谐振峰值。

t_3 时刻之后,L_r 向 C_r 反向充电,u_{Cr} 继续下降。

t_4 时刻,u_{Cr} 降为 0 并保持不变,i_{Lr} 开始衰减,直至 t_5 时刻等于 0。由于 $t_4 \sim t_5$ 时间段内,开关管 V 两端的电压为 0,此时开通才不会产生开通损耗。

t_5 时刻,V 导通,i_{Lr} 开始上升,到达 t_6 时刻,$i_{Lr}=i_L$,D 关断。

整个软开关电路工作过程中谐振部分最为重要,在 $t_1 \sim t_4$ 时间段内的谐振过程中,满足以下方程组:

$$\begin{cases} E = u_{Cr} + L_r \dfrac{di_{Lr}}{dt} \\ C_r \dfrac{du_{Cr}}{dt} = i_{Lr} \\ u_{Cr}|_{t=t_1} = E, \quad i_{Lr}|_{t=t_1} = i_L, \quad t \in [t_1, t_4] \end{cases} \tag{7.1}$$

通过求解式(7.1)可得

$$u_{Cr} = E + \sqrt{\frac{L_r}{C_r}} i_L \sin\omega_r(t-t_1), \quad \omega_r = \frac{1}{\sqrt{L_r C_r}}, \quad t \in [t_1, t_4] \tag{7.2}$$

由式(7.2)不难得到,当 $\omega_r(t-t_1) = \dfrac{\pi}{2}$ 时,电容 C_r 两端电压峰值为 $u_{Cr} = E + \sqrt{\dfrac{L_r}{C_r}} i_L$,同时也可以看出如果正弦幅值小于 E,那么 u_{Cr} 就无法等于 0,开关管 V 也无法实现零电压开通。因此**实现零电压开通的条件**为

$$\sqrt{\frac{L_r}{C_r}} i_L \geqslant E \tag{7.3}$$

综合式(7.2)和式(7.3),在谐振电路中开关管 V 承受的最高电压为输入电压 E 的 2 倍,可见开关管 V 必须有较高的耐压性。

7.2.2 零电流开关准谐振电路

同样,以降压型电路为例分析零电流开关准谐振电路的工作原理。与 7.2.1 节中的零电压开关准谐振电路不同的是,谐振电容 C_r 与续流二极管 D 并联,如图 7.5(a)所示。电路工作理想化波形如图 7.5(b)所示。

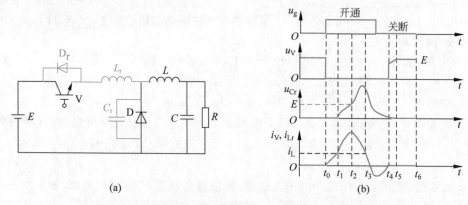

图 7.5 零电流开关准谐振电路原理图及理想化波形

t_0 时刻之前,开关管 V 关断,二极管 D 续流,与负载 L、C、R 形成续流回路,$L \rightarrow C \mathbin{/\!/} R \rightarrow D$,回路中 $i_D = i_L$。此时开关管 V 两端的电压 u_V 等于电源电压 E,流过的电流 i_V 为 0。

t_0 时刻，V 接收驱动信号导通，电源 E 给电感 L_r 充电，电路回路为 $(E{\rightarrow}V{\rightarrow}L_r)/\!/D{\rightarrow}L{\rightarrow}C/\!/R$，有 $u_{Lr}=L_r\times\dfrac{\mathrm{d}i_{Lr}}{\mathrm{d}t}=E$，可见谐振电流 i_{Lr} 线性上升，由于大电感 L 导致 i_L 保持不变，$i_D=i_L-i_{Lr}$ 线性下降，至 t_1 时刻，i_{Lr} 上升到与 i_L 相等的值时，流过二极管 D 的电流 i_D 下降到 0，二极管 D 自动关断。

从 t_1 时刻开始，电路工作在谐振状态，电流 i_{Lr} 继续上升，由于 i_L 保持不变，所以 i_{Lr} 上升多余出来的电流均流入了电容 C_r，电流回路为 $E{\rightarrow}V{\rightarrow}L_r{\rightarrow}C_r/\!/(L{\rightarrow}C/\!/R)$，在由电源 E、开关管 V、谐振电感 L_r、谐振电容 C_r 与负载形成的回路中，电流 i_{Lr}、电压 u_{Cr} 逐渐上升。

t_2 时刻，i_{Lr} 达到谐振峰值，此时 $u_{Cr}=E$。t_2 时刻之后 i_{Lr} 开始减小，但依然给电容 C_r 充电，所以 u_{Cr} 继续上升，到达 t_3 时刻，电流 i_{Lr} 谐振过零并反向。

在 $t_3\sim t_4$ 时间段内，这时二极管 D_r 导通，电流回路为 $C_r{\rightarrow}L_r{\rightarrow}D_r{\rightarrow}E$，开关 V 为零电流状态，若在此时关断则可以减小开关损耗。到达 t_4 时刻，电流 i_{Lr} 谐振过零。

在 $t_4\sim t_5$ 时间段内，由于开关管 V 没有导通，所以 i_{Lr} 无法反向，此时电路回路为 $L{\rightarrow}C/\!/R{\rightarrow}C_r$，电感 L 对 C_r 恒流反向充电，C_r 两端电压线性下降，直至 t_5 时刻，u_{Cr} 降为零，此时开关管 V 两端电压线性上升至 E 的大小。

在 $t_5\sim t_6$ 时间段内，二极管 D 续流，直至下一个周期开通信号 u_g 的到来。

在 $t_1\sim t_4$ 谐振过程中的方程为

$$\begin{cases} E=u_{Cr}+L_r\dfrac{\mathrm{d}i_{Lr}}{\mathrm{d}t} \\[2mm] u_{Cr}=\dfrac{1}{C_r}\displaystyle\int_{t_1}^{t}(i_{Lr}-i_L)\mathrm{d}t \\[2mm] u_{Cr}\big|_{t=t_1}=0,\quad i_{Lr}\big|_{t=t_1}=i_L,\quad t\in[t_1,t_4] \end{cases} \tag{7.4}$$

根据式 (7.4) 可得

$$u_{Cr}=E[1-\cos\omega_r(t-t_1)] \tag{7.5}$$

$$i_{Lr}=i_L+\frac{E}{\sqrt{L_r/C_r}}\sin\omega_r(t-t_1),\omega_r=\frac{1}{\sqrt{L_rC_r}},\quad t\in[t_1,t_4] \tag{7.6}$$

从式 (7.5) 可得谐振中电流峰值为 $I_L+\dfrac{E}{\sqrt{L_r/C_r}}$，若负载电流大于 $\dfrac{E}{\sqrt{L_r/C_r}}$，则开关也无法实现零电流关断，这也是**实现零电流关断的条件**。

7.2.3 零电压开关多谐振电路

降压型零电压开关多谐振电路的原理图如图 7.6(a) 所示，电路工作理想化波形如图 7.6(b) 所示。电路在一个工作周期内的分析如下：

t_0 时刻之前，开关管 V 关断，电路运行稳定，流经电感 L 两端的电流 i_L 方向为从左到右。

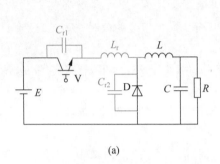
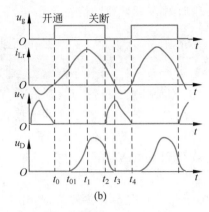

(a)   (b)

图 7.6 零电压开关多谐振电路原理图及理想化波形

t_0 时刻驱动信号脉冲到来,开关管 V 导通,由于 L 极大因此 i_L 不变,所以伴随 i_{Lr} 的增大,流经二极管 D 的电流 i_D 减小,但此时的二极管 D 仍然导通,两端电压 u_D 为零。

在由电源 E、开关管 V、二极管 D 组成的回路中,电感 L_r 开始储能,有 $L_r \times \dfrac{di_{Lr}}{dt} = E$,可见流经电感 L_r 的电流 i_{Lr} 呈线性上升,直到 $i_{Lr} = i_L$,此时没有电流流经二极管 D,即二极管 D 关断,此时为 t_{01} 时刻。

$t_{01} \sim t_1$ 时间段内,由于二极管 D 的关断导致其失去了对电容 C_{r2} 的钳位作用,此时的电流回路为:$E \to V \to L_r \to C_{r2} // L - CR$,因此 i_{Lr} 将继续上升并超过 i_L。在 $E \to V \to L_r \to C_{r2}$ 的回路中,电感 L_r 和电容 C_{r2} 存在谐振,此时电源 E 通过电感 L_r 在向电容 C_{r2} 充电,C_{r2} 两端电压上正下负,i_{Lr} 和 u_D 均呈三角波谐振形式上升,两者到达谐振最高点时刻,记为 t_1。

$t_1 \sim t_2$ 时间段内,i_{Lr} 和 u_{Cr2} 均呈三角波谐振形式下降,t_2 时刻开关管 V 关断。

$t_2 \sim t_3$ 时间段内,由于电流 i_{Lr} 的方向不能突变,因此 $L_r \to C_{r2} \to E \to C_{r1}$ 构成回路,形成新的谐振,此时 i_{Lr} 和 u_{Cr2} 均呈三角波谐振形式加速减弱,C_{r1} 开始充电,电压左正右负,呈谐振形式上升。t_3 时刻,i_{Lr} 和 u_{Cr2} 均降为 0,u_{Cr1} 达到最大值。

$t_3 \sim t_4$ 时间段内,是 L_r、C_{r2}、C_{r1} 谐振的负半周,此时电路回路为 $L_r \to C_{r1} \to E \to D$。二极管 D 的导通确保了 u_{Cr2} 不会继续下降为负。此时 L_r 与 C_{r1} 构成谐波回路,直至 t_4 时刻,开关管 V 导通,电路完成一个周期运行。

多谐振开关一般能同时实现开关管和二极管的零电压开关,其开关管的电压应力比零电压准谐振开关要小得多,开关管是否零电压开通主要由谐振周期决定。同时,零电压开关多谐振技术优点是还克服了零电压开关准谐振的恒定负载的限制。但由于多谐振开关的谐振元件多、工作比较复杂,给应用和调试带来了一些不便和限制。

7.2.4 谐振直流环电路

谐振直流环电路应用于交-直-交变换电路的中间直流环节。通过在直流环节中引入谐振,使电路中的整流或逆变环节工作在软开关的条件下,如图 7.7(a)所示。由于电压型逆变器的负载通常为感性,而且在谐振过程中逆变电路的开关状态是不变的,因此分析时可将电路等效为如图 7.7(b)所示电路。

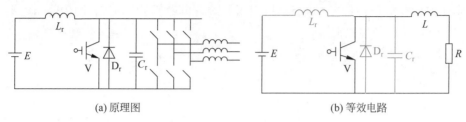

| (a)原理图 | (b)等效电路 |

图 7.7 谐振直流环电路原理图及等效电路

下面根据开关 V 的关断,分析不同时刻电路的工作过程:

t_0 时刻之前,开关管 V 导通,电路回路为 $E \rightarrow L_r \rightarrow V // (L \rightarrow R)$,$D_r$ 断开且 $u_{Cr} = u_V = 0$,电感电流 i_{Lr} 大于负载电流 i_L。

t_0 时刻关断 V,电路发生谐振。由于 $i_{Lr} > i_L$,电感 L_r 对 C_r 充电,u_{Cr} 开始上升,一直持续到 t_1 时刻,$u_{Cr} = E$。由于此时 L_r 两端电压差为 0,谐振电流 i_{Lr} 达到峰值。

t_1 时刻之后,i_{Lr} 继续向 C_r 充电并一直减小,u_{Cr} 继续升高。直至 t_2 时刻,i_{Lr} 与负载电流 i_L 相等。此时,电压 u_{Cr} 达到谐振峰值。

t_2 时刻之后,电路回路为 $C_r \rightarrow L_r \rightarrow E$ 和 $C_r \rightarrow L \rightarrow R$,$u_{Cr}$ 向电感 L 放电,i_{Lr} 继续减小,过零后开始反向继续增加。直至 t_3 时刻,u_{Cr} 又一次等于电源电压 E,i_{Lr} 达到反向峰值。

从 t_3 时刻开始,反向电流 i_{Lr} 开始衰减,u_{Cr} 继续下降,直至 t_4 时刻降为 0。此时,二极管 D_r 导通,u_{Cr} 保持为 0 不变。

在 t_4 时刻之后,导通开关 V,i_{Lr} 线性上升,直至 t_5 时刻,V 再次关断。

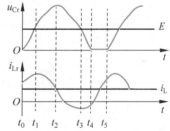

图 7.8 谐振直流环电路理想化波形

从图 7.8 中可以看出谐振直流环电路谐振电压 u_{Cr} 的峰值很高,增加了对开关器件耐压的要求。

7.3 零开关 PWM 电路

零开关 PWM 电路(Zero Switching PWM Circuit)是在谐振电路中引入了辅助开关,以控制谐振的开始时刻,使谐振仅发生于开关过程前后。其电路在很宽的输入电压范围内和从零负载到满载都能工作在软开关状态;电路中无功功率的交换被削减到最小,使得电路效率有了进一步提高。零开关 PWM 电路可分为**零电压开关 PWM 电路**(Zero Voltage Switching PWM Circuit)和**零电流开关 PWM 电路**(Zero Current Switching PWM Circuit)。

7.3.1 零电压开关 PWM 电路

降压型零电压开关 PWM 电路的原理图如图 7.9(a)所示,图 7.9(b)为降压型零电压开关 PWM 电路的理想化波形。

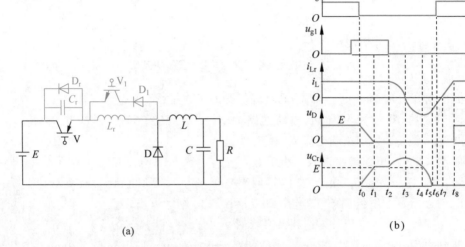

图 7.9 零电压开关 PWM 电路原理图及理想化波形

t_0 之前,给辅助开关管 V_1 施加驱动信号 u_{g1},然而由于此时的电流回路为 $E{\to}V{\to}L_r{\to}L{\to}C{/\!/}R$,电流 $i_{Lr}=i_L$,V_1 暂无电流流过。

t_0 时刻,V 断开,由于大电感 L 的存在,流经 L 的电流不会变化,而电感 L_r 的存在使得流经 L_r 的电流不发生突变,所以此时的电流回路为 $E{\to}C_r{\to}L_r{\to}L{\to}C{/\!/}R$,由于大电感使得流经 L 的电流大小不变,因此接下来流经 L_r 的电流也不变,依然等于 i_L,且由于 i_{Lr} 不变,可知 $u_{Lr}=L_r\times\dfrac{\mathrm{d}i_{Lr}}{\mathrm{d}t}=0$,$i_{Cr}=C_r\times\dfrac{\mathrm{d}u_{Cr}}{\mathrm{d}t}=i_L$,可见 u_{Cr} 是由 0 开始线性上升的,L_r 两端的电压保持为 0,二极管 D 两端的电压 $u_D=E-u_{Cr}$,所以 u_D 是线性下降的,直到 t_1 时刻 $u_{Cr}=E$,$u_D=0$。

t_1 时刻,$u_D=0$ 意味着二极管 D 导通,此时电流回路为 $L{\to}C{/\!/}R{\to}D$,$L_r{\to}D_1{\to}V_1$,所以 u_{Cr} 保持不变,u_{Lr} 继续为 0 意味着 i_{Lr} 不变,u_D 保持为 0。

t_2 时刻,V_1 关断,电感 L_r 的能量需要释放,电流只能从 C_r 流入,向电感 L 流出,因此电流回路为 $E{\to}C_r{\to}L_r{\to}L{\to}C{/\!/}R$,$L{\to}C{/\!/}R{\to}D$,可见在此电路中,$C_r$ 和 L_r 以及 E 形成了一个谐振回路,i_{Lr} 将以谐振三角波形式减小,u_{Cr} 以谐振三角波形式上升,至 t_3 时刻,$i_{Lr}=0$,此时 u_{Cr} 达到峰值。

t_3 时刻,C_r 和 L_r 以及 E 继续谐振,此时 i_{Lr} 反向,电流回路为 $L_r{\to}C_r{\to}E{\to}D$,$L{\to}C{/\!/}R{\to}D$,因此 u_D 保持为 0,直至 t_4 时刻,u_{Cr} 下降至 E,此时达到 i_{Lr} 反向峰值。

t_4 时刻,谐振继续,此时 C_r 继续向外放电,至 t_5 时刻,u_{Cr} 等于 0,接下来由于 V 和

V_1 都没有导通,所以不会有电流从 C_r 左端流向右端,意味着谐振结束。

t_5 时刻,由于电感 L_r 中仍然有能量,所以 i_{Lr} 将通过二极管 D_r 续流,此时电流回路为 $L_r \to D_r \to E \to D$, $L \to C//R \to D$, $u_{Lr} = -L_r \times \dfrac{di_{Lr}}{dt} = E$,因此, i_{Lr} 线性下降,二极管 D 导通, $u_D = 0$,由于二极管 D_r 的导通, u_{Cr} 保持 0 不变。

t_6 时刻,给开关管 V 施加驱动信号,但由于此时 i_{Lr} 反向,所以电流经过 D_r,意味着开关管 V 两端的电压为 0,直至 t_7 时刻,电感 L_r 的全部能量释放, i_{Lr} 线性变化降至 0。

t_7 时刻,电源 E 将向电感 L_r 充电,且由于 i_{Lr} 较小,必然有电流流过二极管 D,所以二极管 D 依然导通,此时的电流回路为 $E \to V \to L_r \to L \to C//R$, $L \to C//R \to D$, E 和 L_r 组成回路,因此 $u_{Lr} = L_r \times \dfrac{di_{Lr}}{dt} = E$,可见 i_{Lr} 线性上升,直至 t_8 时刻, $i_{Lr} = i_L$,那么 $i_D = 0$,二极管 D 断开,接下来 i_{Lr} 保持 i_L 不变,电流回路为 $E \to V \to L_r \to L \to C//R$。至此,一个完整的周期就结束了。

上述分析中的谐振公式类似式(7.1)。由上面的分析可以看出,在 t_6 时刻给开关管 V 驱动信号时,开关管 V 两端的电压为 0。总体来说零电压开关 PWM 电路与零电压开关准谐振电路大致相同,不同之处在于增加了辅助开关管 V_1,可以控制谐振开始时间 t_2 以及脉冲宽度 $t_1 \sim t_2$,因此可以采用开关频率固定的 PWM 控制电路。

7.3.2 零电流开关 PWM 电路

同样以降压电路为例分析零电流开关 PWM 电路的工作原理,电路的原理图如图 7.10(a)所示,电路工作理想化波形如图 7.10(b)所示。

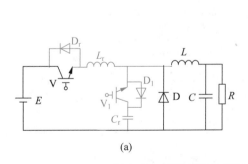
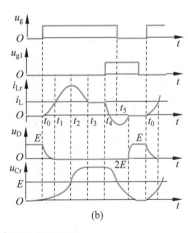

图 7.10 零电流开关 PWM 电路原理图及理想化波形

t_0 时刻,开关管 V 导通, L_r 与 C_r、D_1 形成谐振回路,电感电流 i_{Lr} 开始上升,至 t_2 时刻达到最大值后,开始逐渐下降。

之后, u_{Cr} 一直上升,到达 t_3 时刻, $u_{Cr} = 2E$。因为 $i_{D1} = i_{Lr} - i_L$, t_3 时刻之后有

$i_{\mathrm{Lr}} \leqslant i_{\mathrm{L}}$，二极管 D_1 因电流 i_{D1} 要反向而截止。D_1 截止期间，V 和 L_r 流过的电流恒为 i_{L}，u_{Cr} 同样保持不变。

t_4 时刻给 V_1 两端施加正向脉冲驱动电压，V_1 导通之后，L_r、C_r 继续谐振，i_{Lr} 开始下降。在 i_{Lr} 过零并反向后的 t_5 时刻关断 V，负载电流通过二极管 D 续流，在零电流状态关断，大大减小开关损耗。

其中谐振公式类似式(7.4)，零电流 PWM 电路与零电流准谐振电路的导通与关断原理大致相同，不同之处在于增加了辅助开关 V_1，可以控制谐振延迟时间 $t_3 \sim t_4$，采用开关频率固定的 PWM 控制电路。

7.4　零转换 PWM 电路

零转换 PWM 电路(Zero Transition PWM Circuit)也引入了辅助开关来控制谐振的开始时刻，与零开关 PWM 电路不同之处在于，其谐振电路的辅助开关是与主开关并联的，使输入电压和负载对谐振的影响大大降低。电路在很宽的输入电压和负载变化范围内都能工作在软开关状态，使得电路效率有了进一步提高。零转换 PWM 电路可分为零电压转换 PWM 电路、零电流转换 PWM 电路。

7.4.1　零电压转换 PWM 电路

零电压转换 PWM 电路是较为常用的软开关电路，将谐振环节并联在开关上，实现有源开关和无源开关的零电压开关，具有电路简单，效率高等优点。本节以其在升压型电路中的应用为例分析工作原理。假设输入端的滤波电感 L 很大，输入电流看作理想的直流电流源；同时假设输出端的滤波电容足够大，输出电压看作理想的直流电压，并忽略电路中的损耗。电路的原理图如图 7.11(a)所示，电路工作理想化波形如图 7.11(b)所示。接下来按照时刻分析电路工作原理：

t_0 时刻之前，电路稳定运行，开关管 V 和 V_1 都关断，电流回路为 $E \rightarrow L \rightarrow D \rightarrow C /\!/ R$。

t_0 时刻，辅助开关 V_1 先导通，一部分电流流入电感 L_r，因此 i_{Lr} 从零开始上升，考虑到大电感 L 的存在，i_{L} 保持不变，因此流入二极管 D 的电流减小。此时电流回路为：$E \rightarrow L \rightarrow D \rightarrow C /\!/ R$，$E \rightarrow L \rightarrow L_r \rightarrow V_1$。由于导通后的二极管 D 和开关管 V_1 等同于导线，可见电感 L_r 相当于连接到负载，而负载电压受大电容 C 的影响保持恒定，因此 $u_{\mathrm{Lr}} = L_r \times \dfrac{\mathrm{d}i_{\mathrm{Lr}}}{\mathrm{d}t} = u_o$，可见 i_{Lr} 将线性上升，至 t_1 时刻达到 i_{L}，二极管 D 中电流下降到零关断，在软开关下关断。在 t_0 至 t_1 时刻，由于 D 的导通，电容 C_r 连接在负载两端，电压 $u_{\mathrm{Cr}} = u_o$ 保持不变。同时，$i_{\mathrm{V1}} = i_{\mathrm{Lr}}$，因此 i_{V1} 亦是线性上升；V 并没有导通，所以 i_{V} 保持零不变。

t_1 时刻，由于二极管 D 的断开，电容 C_r 不再连接到负载两端，而是与电感 L_r 组成谐振回路，有 $u_{\mathrm{Cr}} = u_{\mathrm{Lr}} = L_r \times \dfrac{\mathrm{d}i_{\mathrm{Lr}}}{\mathrm{d}t}$，$i_{\mathrm{Lr}} = i_{\mathrm{Cr}} = C_r \times \dfrac{\mathrm{d}u_{\mathrm{Cr}}}{\mathrm{d}t}$，可见，$u_{\mathrm{Cr}}$ 和 i_{Lr} 均呈现三角函

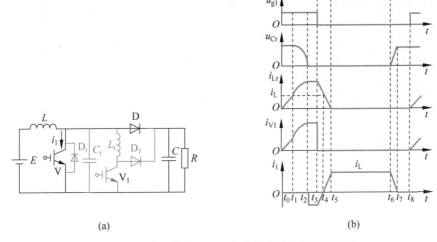

图 7.11　零电压转换 PWM 电路原理图及理想化波形

数变化波形,电容 C_r 先放电,因此 u_{Cr} 呈三角函数形式下降,i_{Lr} 呈三角函数形式上升,此时的电流回路为 $E \to L \to L_r \to V_1$,$C_r \to L_r \to V_1$。至 t_2 时刻,$u_{Cr}=0$,i_{Lr} 达到最大。

t_2 时刻,电容 C_r 两端电压 u_{Cr} 过零,但受限于二极管 D_r 的存在,u_{Cr} 将被钳位至零电压,不会反向,此时电感 L_r 经过二极管 D_r 续流。电流回路为 $L_r \to V_1 \to D_r$,$E \to L \to L_r \to V_1$。由于 $u_{Lr}=L_r \times \dfrac{\mathrm{d}i_{Lr}}{\mathrm{d}t}=0$,因此 i_{Lr} 保持不变,$i_{V1}=i_{Lr}$,因此 i_{V1} 亦保持不变,$i_1=i_{V1}$,方向与给定正方向相反。

t_3 时刻,V_1 断开,V 尽管接收到驱动信号但未导通,电感 L_r 中的电流从二极管 D_1 流出,流入负载,此时的电流回路为 $L_r \to D_1 \to C /\!/ R \to D_r$,$E \to L \to L_r \to D_1 \to C /\!/ R$,相当于电感接至恒压负载两端,因此 $u_{Lr}=L_r \times \dfrac{\mathrm{d}i_{Lr}}{\mathrm{d}t}=u_o$,$i_{Lr}$ 线性下降,至 t_4 时刻,i_{Lr} 降至 i_L,此时流经二极管 D_r 的电流降至零。

t_4 时刻,随着 i_{Lr} 的继续下降,从电感 L 流出的多余的电流将通过开关管 V 流出,此时电流回路为 $E \to L \to V$,$E \to L \to L_r \to D_1 \to C /\!/ R$。可见,电感 L_r 依旧相当于连在负载两端,与前一段时刻同速率线性下降,由于 $i_L=i_1+i_{Lr}$,因此 i_{Lr} 线性上升。至 t_5 时刻,i_{Lr} 降至零。

t_5 时刻,由于二极管 D 和 D_1 的单相导电性,电感 L_r 无反向电流流过,因此 L_r 不再储能,电感 L 的能量全部通过开关管 V 释放,$i_1=i_L$ 保持不变,此时电流回路为 $E \to L \to V$,直至 t_6 时刻,V 关断。

t_6 时刻,V 关断,由于此时 V_1 也关断,所以电感 L 的能量通过电容 C_r 续流,考虑大电感 L 的电流是恒定的,所以 C_r 与 L 不是典型的谐振关系,而是满足 $i_{Cr}=C_r \times \dfrac{\mathrm{d}u_{Cr}}{\mathrm{d}t}=$

i_{Lr},可见 u_{Cr} 以线性形式上升,至 t_7 时刻,$u_{Cr}=u_o$,此时二极管 D 导通。

t_7 时刻,由于 D 导通,C_r 的电压钳位于 u_o 不变,电流回路为 $E \rightarrow L \rightarrow D \rightarrow C//R$,直至 t_8 时刻,开关管 V_1 重新导通,一个周期结束。

7.4.2 零电流转换 PWM 电路

在基本的升压电路的开关上并联可控的串联谐振环节即可得到零电流转换 PWM 升压电路,电路的原理图如图 7.12(a)所示,电路工作理想化波形如图 7.12(b)所示。

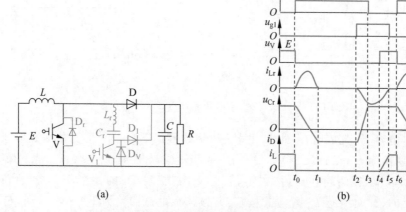

图 7.12 零电流转换 PWM 电路原理图及理想化波形

t_0 时刻前,开关管 V 关断,其两端电压等于电源电压,流过二极管的电流等于负载电流。

t_0 时刻,驱动 V 导通,L_r、C_r 经过 V 和 D_V 构成谐振回路,电路回路为 $L_r \rightarrow V \rightarrow D_V \rightarrow C_r$,以及 $E \rightarrow L \rightarrow V$。至 t_1 时刻 D_V 反向截止,谐振中止,该状态一直持续到 t_2 时刻,这段时间电路为 $E \rightarrow L \rightarrow V$。

t_2 时刻辅助开关管 V_1 导通,L_r、C_r 经过 V 和 V_1 构成谐振回路,电流 i_{Lr} 反向上升,电容 C_r 放电,因此 $i_V = i_L - i_{Lr}$ 下降,到达 t_3 时刻开始反向。此时,二极管 D_r 导通,处于零电流状态,$t_3 \sim t_4$ 时间段内可实现在零电流状态下关闭开关管 V。

t_4 时刻,$i_{Lr} \leqslant i_L$,二极管 D 导通。当关闭辅助开关 V_1,此时 i_{Lr} 不为 0,经过二极管 D、D_1 续流,电路回路为 $E \rightarrow L \rightarrow (L_r \rightarrow C_r \rightarrow D_1)//D \rightarrow C//R$,到 t_5 时电感 L_r 能量释放完毕,二极管 D_1 截止,电容 C_r 重新充电至 U_{Crm}。

$t_0 \sim t_1$ 时段内的谐振方程如下:

$$\begin{cases} L_r \dfrac{di_{Lr}}{dt} + u_{Cr} = 0 \\ C_r \dfrac{du_{Cr}}{dt} = i_{Lr} \end{cases} \tag{7.7}$$

由初始条件 $u_{Cr0}=U_{Crm}, i_{Lr0}=0$，可解式(7.7)得

$$\begin{cases} u_{Cr}=U_{Crm}\cos\omega_r(t-t_0) \\ i_{Lr}=-\dfrac{U_{Crm}}{\sqrt{L_r/C_r}}\sin\omega_r(t-t_0) \end{cases} \tag{7.8}$$

其中，$\omega_r=1/\sqrt{L_rC_r}$。

7.5 软开关技术的 Multisim 仿真

为进一步验证分析上述软开关电路的性能，利用 Multisim 软件进行了仿真实验，得出相应的仿真结果。本节分别以降压型零电压开关准谐振电路和降压型零电流开关准谐振电路的 Multisim 仿真实验为例进行分析说明。

7.5.1 降压型零电压开关准谐振电路 Multisim 仿真

以降压零电压开关准谐振电路为例进行仿真，在 Multisim 中搭建电路如图 7.13 所示，由输入直流电压 E、MOSFET 开关管 S、信号发生器 XFG1、谐振电感 L_r、电容 C_r、二极管 D 和等效电流源 I_1 组成。仿真时各元件的参数和型号设置为：$E=8V, C_r=0.2\mu F, L_r=1\mu H, I_1=4A$。

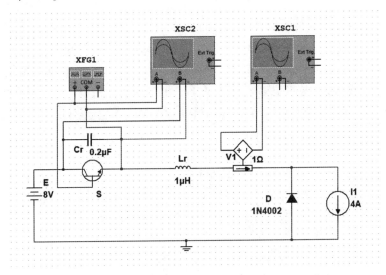

图 7.13　降压型零电压开关准谐振电路 Multisim 仿真

根据谐振电感 L_r 和谐振电容 C_r 的参数，可得到谐振频率 $f=\dfrac{1}{2\pi\sqrt{L_rC_r}}=355.881kHz$，因此驱动频率选择 250kHz，脉冲宽度 50%。电路的输出波形如图 7.14 所示，其中黑色为驱动波形，蓝色为谐振电容两端电压波形 u_{Cr}。可以看出，当下一导通脉冲来临时，端电压为 0，符合零电压开通的条件，与 7.2.1 节中的分析一致。

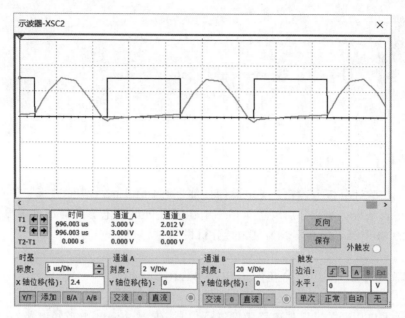

图 7.14　驱动脉冲以及谐振电压曲线

7.5.2　降压型零电流开关准谐振电路 Multisim 仿真

以降压零电流开关准谐振电路为例进行仿真，在 Multisim 中搭建电路如图 7.15 所示，其中 E 为输入直流电压，Q_1 为开关管 MOSFET，XFG1 为信号发生器，L_r 为谐振电感，C_r 为谐振电容，D 和 I_1 分别为二极管和等效电流源。在电流源没有电阻的情况下，认为开路无法正常仿真，因此在电感上并联了一个电阻 $R_r = 10\text{k}\Omega$。各元件的参数和型号设置如下：$E = 20\text{V}, C_r = 0.2\mu\text{F}, L_r = 1\mu\text{H}, I_1 = 4\text{A}$。

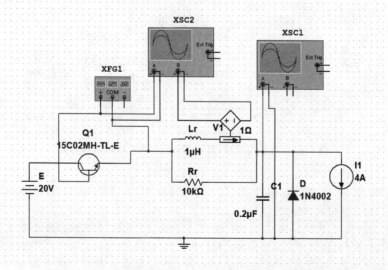

图 7.15　降压型零电流开关准谐振电路 Multisim 仿真

根据谐振电感 L_r 和谐振电容 C_r，可得到谐振频率 $f=\dfrac{1}{2\pi\sqrt{L_rC_r}}=355.881\mathrm{kHz}$，因此驱动频率选择 200kHz，脉冲宽度 50%，得到的电路波形如图 7.16、图 7.17 所示。图 7.16 中黑色为驱动波形，蓝色为谐振电感电流 i_{Lr}。图 7.17 中为谐振电容两端电压波形，可以看出与 7.2.2 节的分析一致。

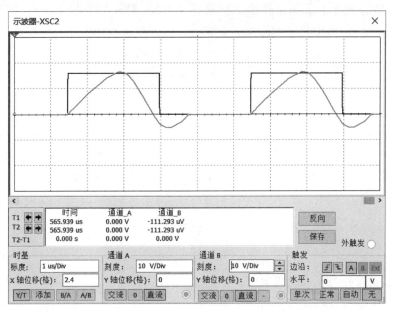

图 7.16　驱动脉冲以及谐振电流曲线

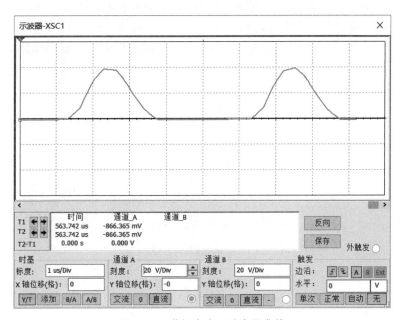

图 7.17　谐振电容两端电压曲线

综合上述两种不同电路的仿真结果,可得通过软开关技术确实能够大大降低电路开关损耗,对于提高电路效率以及解决开关器件的发热等有较好效果。

本章小结

本章所述的软开关电路包括准谐振软开关电路、零开关 PWM 电路、零转换 PWM 电路三种基本电路,其中每种电路都有着零电压与零电流等电路。本章的内容围绕着这几种基本的电路展开,学习和掌握这种基本软开关电路是掌握本章内容的基础。

无论是直流变换还是交-直-交变换,在高频状态下都不可避免开关损耗的存在,软开关则是研究降低开关损耗的方法。本章主要讨论软开关的基本思想以及一些主要的软开关技术。

作为电力电子技术中的重要应用,软开关技术虽然有着降低开关损耗、提高系统效率、改善电磁干扰、提高系统可靠性等优点,但由于增加了元件数量,系统的成本增加,控制变得复杂。因此可以预见,简化电路或改变电路结构,提高整体性能将是今后软开关技术的研究方向。

本章习题

1. 什么是软开关?试说明采用软开关技术的目的。
2. 软开关电路可以分为哪几种类型?它们各自的特点是什么?
3. 零开关,即零电压开通和零电流关断的含义是什么?
4. 试比较零电压开关 PWM 电路和零电压转换 PWM 电路的优缺点。
5. 试比较零电流开关 PWM 电路与零电流转换 PWM 电路的优缺点。
6. 在图 7.18 所示的零电压转换 PWM 电路中,辅助开关 V_1 和二极管 D_1 是软开关还是硬开关,为什么?

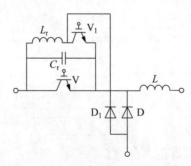

图 7.18　零电压转换 PWM 电路

第 8 章

电力电子技术的应用

电力电子技术是使用电力电子器件对电能进行变换和控制的技术,应用十分广泛,近些年电力电子相关技术的应用得到了迅猛发展。本章以晶闸管直流电机系统、开关电源、光伏并网发电系统、微电网系统作为工程范例,介绍电力电子技术在工程领域的应用情况,同时分析现今电力电子技术的发展趋势。

8.1　晶闸管直流电机系统

晶闸管直流电动机调速系统是电力驱动中的一种重要方式,更是可控整流电路的主要应用之一。图 8.1 所示的三相半波晶闸管直流电动机调速系统采用晶闸管可控整流电路给直流电动机供电,通过移相触发改变直流电动机电枢电压,实现直流电动机的速度调节。

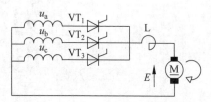

图 8.1　三相半波晶闸管直流电动机调速系统图

直流电动机是一种反电势负载,晶闸管整流电路对反电势负载供电时,电流容易出现断续现象。如果调速系统开环运行,电流断续时机械特性将很软,无法负载;如果闭环控制,断流时会使控制系统参数失调,电机发生振荡。为了保证负载电流平稳,并且尽可能在较大范围内连续,常在直流电机电枢回路串联**平波电抗器** L。当电动机的负载较轻时,负载电流较小,又由于电机低速运转时的电感储能减小,往往会出现电流断续现象。下面按电流状态,分别讨论电流连续和断续情况下的晶闸管直流电动机调速系统工作过程和系统特性。

8.1.1　电流连续时电动机的机械特性

当平波电抗器 L 电感量足够大时,晶闸管整流器输出连续电流,此时晶闸管直流电动机系统可等效为直流电路,如图 8.2 所示。在电路图的左半部分,将晶闸管整流器等效为直流电源与内阻的串联,其输出的整流电压平均值为

$$U_d = 1.17 U \cos\alpha = U_{d0} \cos\alpha \qquad (8.1)$$

式中,U 为电源相电压有效值,α 为触发角。图 8.2 右半部分为直流电动机的等效电路,由反电势 E_s 与电枢及平波电抗器的等效电阻串联组成,而平波电抗器 L 的电感在直流等效电路中得不到反映。

根据图 8.2 给出的等效电路,可列写出**电压平衡方程**

$$\begin{cases} U_d = (R_e + R_0 + R_s)I_d + E_s = R_\Sigma I_d + E_s \\ E_s = C_e \phi n \end{cases} \qquad (8.2)$$

式中,$R_\Sigma = R_e + R_0 + R_s$,$C_e$ 为直流电机的电动势常数,ϕ 为直

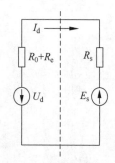

图 8.2　电流连续三相半波晶闸管直流电动机等效电路图

流电机每对磁极下的磁通量,n 为电机转速。根据式(8.1)和式(8.2)得到**电动机转速**

$$n = \frac{U_{d0}\cos\alpha}{C_e\phi} - \frac{R_\Sigma I_d}{C_e\phi} \tag{8.3}$$

可以看出,在电枢电流连续的情况下,当触发角 α 固定时,电动机转速 n 随负载电流 I_d 的增加而下降,下降斜率为 $\left|\dfrac{\Delta n}{\Delta I_d}\right| = \dfrac{R_\Sigma}{C_e\phi}$。当触发角 α 改变时,随着空载转速点 n_0 的变化,机械特性可以描述为如图 8.3 所示的一组斜率相同的平行线。

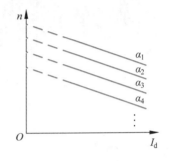

图 8.3　电流连续三相半波晶闸管直流电动机机械特性图

实际上,在平波电抗器电感 L 的作用下,当电流减小到一定程度时,电感 L 中的储能将不足以维持电流连续,电流将出现断续现象。此时直流电动机机械特性会发生很大变化,呈现出非线性,要采用电流断续时的运行分析来确定。

8.1.2 电流断续时电动机的机械特性

电枢电流断续时不再存在晶闸管换流重叠现象,晶闸管整流器供电直流电动机系统等效为图 8.4 所示的交流电路。在此电路中,U_2 为相电压瞬时值,当它大于电枢反电势 E_s 时,晶闸管才能导通。由于电流 I_d 断续,电路分析时必须计入平波电感 L_d 的作用,回路电压平衡方程为

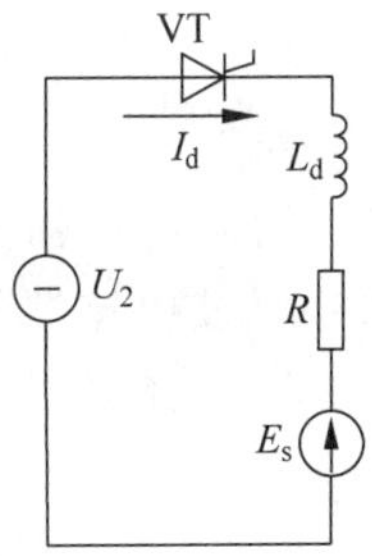

$$U_2 = \sqrt{2}U\sin\omega t = E_s + L_d\frac{dI_d}{dt} + R_\Sigma I_d \tag{8.4}$$

为分析简便起见,先忽略等效内阻 R_Σ,可得到转速 n 与导通角 θ 和触发角 α 的关系为

$$n = \frac{\sqrt{2}U}{C_e\phi\theta}\left[2\sin\left(\psi+\alpha+\frac{\theta}{2}\right)\sin\frac{\theta}{2}\right] \tag{8.5}$$

图 8.4　电流断续三相半波晶闸管直流电动机等效图

当三相半波整流器触发角 $\alpha = 0$ 时,上式中的 $\psi = \dfrac{\pi}{6}$。

由于晶闸管导通角 θ 与负载电流 I_d 有关,因此式(8.5)隐含了直流电机电流断续时的机械特性。求解电机电枢电流 I_d 与导通角 θ 间的关系为

$$I_d = \frac{\sqrt{2}\,mU}{2\pi\omega L_d}\left[\cos\left(\psi+\alpha+\frac{\theta}{2}\right)\left(\theta\cos\frac{\theta}{2} - 2\sin\frac{\theta}{2}\right)\right] \tag{8.6}$$

其中,m 为每周内换流次数。在三相半波和三相桥式整流电路中,$m=3$。根据式(8.5)得到不同 θ 和 α 条件下三相半波晶闸管整流器供电直流电动机的机械特性曲线,如图 8.5 所示。

对于由单一组整流器供电的不可逆直流调速系统,电机系统只可工作在 $I_d > 0$ 且

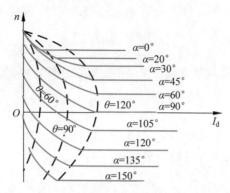

图 8.5　电流连续三相半波晶闸管整流直流电机机械特性

$n>0$ 的第一象限和 $I_d>0$ 且 $n<0$ 第四象限,具体为:

(1) 在第一象限内,晶闸管移相触发角 $\alpha \leqslant 90°$,整流器工作在可控整流状态,电机转速 n、电磁转矩 T 同方向,直流电机运行在电动状态。

(2) 在第四象限内,晶闸管移相触发角 $\alpha > 90°$,整流器工作在有源逆变状态,电机转速与电磁转矩反方向,直流电动机运行在反转制动状态,并将转子的机械动能转换成电能,经可控整流器返回交流电源。

无论是第一象限或第四象限,当电流 I_d 较小,且晶闸管导通角 $\theta<120°$ 时,电流断续,随着负载增加转速快速下降;当负载增大到一定数值时,电流进入连续状态。忽略电枢电阻 R_Σ,机械特性呈现为水平直线。若考虑电阻的影响,电流连续时特性将出现一定的倾斜,其斜率为 $\left| \dfrac{\Delta n}{\Delta I_d} \right| = \dfrac{R_\Sigma}{C_e \phi}$。

电流断续时直流电机电枢回路等效电阻增加,往往会引起系统振荡,因此需要设计适合的平波电抗器,减小电流断续的范围。晶闸管直流电动机系统中平波电抗器的电感量按最小电流 I_{Lmin} 下仍能保证电流连续为原则来选择。因为电流连续的条件是晶闸管导通角 $\theta = \dfrac{2\pi}{m}$,则由式(8.5)可得

$$I_{Lmin} = \frac{\sqrt{2} U}{\omega L_d} \left(\frac{m}{\pi} \sin \frac{\pi}{m} - \cos \frac{\pi}{m} \right) \sin\alpha \tag{8.7}$$

由于 I_{Lmin} 的值一般取额定电枢电流的 5%~10%,保证电流连续的电感值为

$$L_d \geqslant \frac{\sqrt{2} U}{\omega I_{Lmin}} \left(\frac{m}{\pi} \sin \frac{\pi}{m} - \cos \frac{\pi}{m} \right) \sin\alpha \tag{8.8}$$

一般来说,整流相数、整流器脉波数越多,整流电压脉动减小,所需电感量可选小些。

8.2　开关电源

电源是现代各种电子设备、电气仪表、计算机等电气装置的重要部分,其体积、能耗、效率都影响着整体的性能。**开关电源**(Switch Mode Power Supply)是一种高频化电能转

换装置,其功能是将一个位准的电压,通过不同形式的架构转换为用户端所需求的电压或电流。开关电源具有效率高、体积小、能耗低等优点,是电子设备供电的主要形式。下面简单介绍三种开关电源的应用。

8.2.1　不间断电源

不间断电源(Uninterruptible Power System,UPS)是将蓄电池与主机相连接,通过主机逆变器等模块电路将直流电转换成市电的系统设备,保证在市电交流电源发生故障时不中断地向负载供电,具有三个基本功能特点:稳压、滤波、不间断。

不间断电源的典型结构如图 8.6 所示,主要用于给单台计算机、计算机网络系统或其他电力电子设备提供稳定、不间断的电力供应。在市电供电时,它起稳压器和滤波器的作用,以消除或削弱市电的干扰,保证设备正常的工作;在市电中断时,它又可以通过把它的直流供电部分(电池组、柴油发电机等)提供的直流电转化为交流电供负载使用。其中由市电供电转电池供电一般为零时间切换,这样就使负载设备在感觉不到任何变化的同时保持运行,真正保证了设备的不间断运行。需要注意的是,由于蓄电池的容量有限,在蓄电池供电后应尽快使其充电。

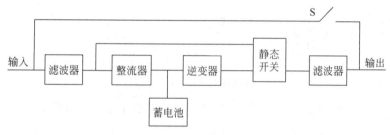

图 8.6　不间断电源的典型结构

8.2.2　高频开关电源

高频开关电源 又称交换式电源、开关变换器以及开关型整流器(Switching-Mode Rectifier,SMR),通过高频信号控制 MOSFET 或 IGBT 等电力电子器件导通时间的长短,通过不同形式的架构将一个位准的电压转换为用户端所需求的电压或电流。高频开关电源开关频率一般控制在 $50 \sim 100 \mathrm{kHz}$,实现了高效率和小型化。高频开关电源主要由以下四部分构成:

(1)主电路。主电路包括了交流电网输入、直流输出的全过程,主要有输入滤波器、整流与滤波、逆变以及输出整流与滤波,最终可以提供稳定可靠的直流电源。

(2)控制电路。通过控制逆变器,改变其频率或脉宽,达到输出稳定,还可以提供控制电路对整机进行各种保护措施。

(3)检测电路。不仅提供保护电路正在运行中的各种参数,还提供各种显示仪表资料。

（4）辅助电源。提供所有单一电路的不同要求电源。

8.2.3 分布式开关电源供电系统

分布式开关电源供电系统采用小功率模块和大规模控制集成电路作基本部件，组成积木式、智能化的大功率供电电源，从而使强电与弱电紧密结合，降低大功率元器件、大功率装置（集中式）的研制压力，提高生产效率。

常见的分布式电源系统结构图如图 8.7 所示。与常规的集中式电源系统直接将直流大电流母线集中供电给各个负载不同，典型的分布式电源系统先利用 DC-DC 变换器将 270V 电压降压为 50V，再经过若干台并联的 DC-DC 变换器供给 5V 的负载，从而降低了直流母线电流。

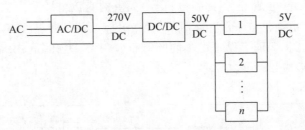

图 8.7 分布式电源系统结构

分布式开关电源供电方式具有节能、可靠、高效、经济和维护方便等优点，已被大型计算机、通信设备、航空航天、工业控制等系统逐渐采纳，也是超高速型集成电路的低电压电源（3.3V）最为理想的供电方式。在大功率场合，如电镀、电解电源、电力机车牵引电源、中频感应加热电源、电动机驱动通信电源等领域也有广阔的应用前景。

8.3 光伏并网发电系统

8.3.1 光伏发电的基本原理

光伏发电主要是以半导体材料为基础，利用光照产生电子-空穴对，在 PN 结上可以产生光电流和光电压现象，即**光伏效应**，从而实现太阳能光电转换的目的。光伏发电的基本工作原理是**光电效应**，如图 8.8 所示。当太阳光线照射到光伏电池表面时，部分带有特定能量的光子可入射到半导体内，进入的光子与构成半导体的材料相互作用，产生带负电荷的电子和因失去电子而带正电荷的空穴。由于半导体中 PN 结的存在，在静电场的作用下电子向 N 型半导体扩散，空穴向 P 型半导体扩散，并分别聚集在半导体两端，进而产生电能。这个过程实质是光子能量转换成电能的过程。

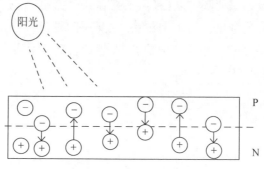

图 8.8　光伏效应示意图

8.3.2　光伏发电系统组成

太阳能光伏电池所发出的电能是随太阳光辐照度、环境温度、负载等变化而变化的不稳定直流电,难以满足用电负载对电源品质要求。因此需要应用电力电子变流技术来获得稳定的高品质直流电或交流电供给负载或电网。完整的光伏发电系统一般由以下几部分组成:

(1)光伏阵列。由太阳能电池组成,用来收集太阳能的辐射,并将其转化成电能,是光伏发电系统中最关键、价值最高的组成部分。

(2)蓄电池。光伏发电系统中的储能设备,作用是在有太阳光照时将太阳能电池阵列所产生的电能保存下来,在需要的情况下将其释放出来。

(3)控制器。其主要作用是保证光伏阵列和蓄电池能够高效、安全、可靠地运作,获得最高效率并延长蓄电池的使用寿命。

(4)DC-DC 变换电路。将光伏阵列产生的直流电升压,同时具有实现最大功率点跟踪(Maximum Power Point Tracking,MPPT)的功能。

(5)DC-AC 逆变电路。将光伏阵列产生的直流电或蓄电池所释放的直流电转换为负载需要的交流电,实现对系统中交流负载的供电。

图 8.9 给出了光伏并网发电系统的结构图。太阳能电池输出较大范围内变化时,要以尽可能高的效率将太阳能电池输出的低压直流电转化为与电网匹配的交流电送入电

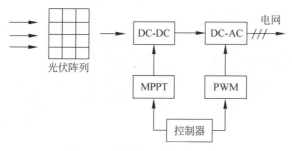

图 8.9　光伏并网发电系统结构

网。因此该系统一般没有储能环节,直接由逆变器接公共电网,利用公共电网将电能进行二次分配。太阳能电池输出的大范围波动,主要原因是白天日照强度的变化,范围为 $200 \sim 1000 \mathrm{W/m^2}$。该系统广泛应用于通信、工业领域及日常生活中,例如光伏水泵、户用电源、交通灯、太阳能路灯等。

8.3.3　光伏直流变换电路

光伏直流变换电路主要功能是实现最大功率点跟踪。随着天气、温度变化,实时调整负载伏安特性使其相交于光伏电池伏安特性最大功率输出点处,降低负载失配功率损失。

光伏直流变换电路主要有脉冲宽度调制(PWM)和脉冲频率调制(PFM)两种,其中PWM 为主要控制方法。光伏直流变换器主电路分为**直接变换型**(无变压器隔离)和**间接变换型**(有变压器隔离)两类。

图 8.10 所示的 Buck 光伏变换电路属于直接变换型,结构简单、效率高、易于控制。其中,开关管 V、二极管 D、电感 L、电容 C 共同组成降压斩波电路,可通过调节 V 的开通占空比实现负载电压的调节,进一步调节光伏阵列工作点至最佳状态。电容 C_s 是为了保证光伏阵列输出电流连续,以免发电功率损失。

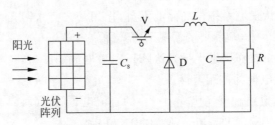

图 8.10　Buck 光伏变换电路原理

图 8.11 所示的单端正激光伏变换器电路属于间接变换型。当 V 开通时,光伏阵列经变压器 T 向负载回馈电力,调节占空比或 T 的变比,可调节输出电压,多用于小容量的降压电路,需要采取磁芯复位措施。

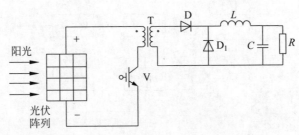

图 8.11　单端正激光伏变换电路原理

8.3.4 光伏逆变电路

逆变是将直流电转化为极性周期改变的交流电,即整流的逆向过程。光伏发电系统内的逆变电路负责把前一级光伏电源输出的最大功率直流电转变成与公共电网同频的交流电并输出。在实际光伏并网发电系统中,大多采用电压源型逆变器。

图 8.12 和图 8.13 分别给出了单相半桥电压源型逆变电路、三相桥电压源型逆变电路的原理。单相半桥电压源型逆变电路有注入电网直流分量较小、电路简单、功率期间利用率低等特点。三相桥电压源型逆变电路采用了三桥臂结构,与三组单相全桥逆变器并联组合的逆变电路相比,具有结构简单、成本低、体积小的优点,且应用更广泛。

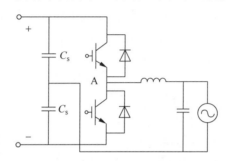

图 8.12 单相半桥电压源型逆变电路原理

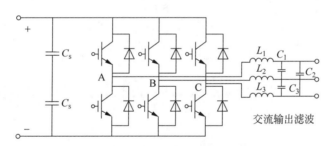

图 8.13 三相桥电压源型逆变电路原理

由于光伏发电的特性要求,光伏逆变电路相对于普通逆变电路有一些特殊要求:

(1)虽然光伏阵列产生电能不需要消耗燃料,但由于光电转换效率和太阳能资源能量密度都较低,且光伏发电逆变器制造成本较高,为了充分利用光伏发电以获取最大效益,要求光伏逆变电路具有较高的效率。

(2)为了确保逆变成功,需要确保逆变电路直流侧电压高于公共电网电压幅值,常见的解决办法是对光伏阵列输出电压进行提升和稳压。

(3)由于光伏并网发电系统是通过逆变器直接连接到公共电网的,为了减小对用户的影响,需要满足一些技术要求,例如逆变器输出波形与公共电网同频率,且波形畸变小于 5%。

8.4 微电网系统

微电网(Micro-Grid)是一组微电源、负载、储能系统和控制装置构成的系统单元,能够实现自我控制、保护和管理,既可以与外部电网并网运行,也可以独立运行,充分满足用户对电能质量、供电可靠性和安全性的要求。

8.4.1 微电网的组成结构

微电网的构成可以很简单,但也可能比较复杂。例如,光伏发电系统和储能系统可以组成简单的用户级光储微电网;风力发电系统、光伏发电系统、储能系统、冷/热/电联供微型燃气轮机发电系统可以组成满足用户冷/热/电综合能源需求的复杂微电网。一个微电网内还可以含有若干规模相对小的微电网。

图 8.14 给出的微电网系统结构图包含了直流母线与交流母线。直流微电网部分包括由燃料电池、光伏阵列及其控制电路单向 DC-DC 变换器、风力发电机及其控制电路单向 AC-DC 变换器、蓄电池组及其控制电路双向 DC-DC 变换器,并通过双向 DC-AC 变换器与交流母线连接,给交流侧负荷供电或连接电网。交流微电网的小型柴油机、生物质发电机、燃气轮机等分布式电源首先将输出的电能通过 DC-AC 变换器转换为交流电,再供给交流侧负载或电网。

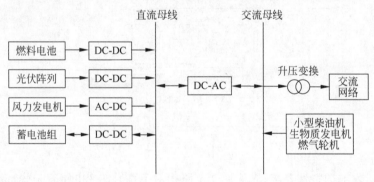

图 8.14　微电网系统结构

8.4.2 微电网的发展前景

微电网既可以并入大电网,又可以作为独立电网运行,可以有效提高电网抗灾害打击能力,保证电网内供应的安全性。随着电力电子技术的发展,未来微电网的核心功能包括:

(1)满足多种能源综合利用需求。大量的入户式单相光伏、小型风机、冷热电三联供、电动汽车、蓄电池、氢能等家庭式分布电源、大量柔性电力电子装置的出现将进一步增加微电网的复杂性。屋顶电站、电动汽车充放电、智能用电楼宇和智能家居带来微电网形式的灵活多样化也会成为未来微电网研究的新问题。

（2）实现电力供应和消费的优质匹配。微电网接入配电网后，将加强配网对微电网的协调控制和用户信息的监测力度，建立起与用户的良性互动机制，通过微网内能量优化、虚拟电厂技术及智能配网对微网群的全局优化调控，逐步提高微电网的经济性，优化电力资源网内分配，充分有效解决风、光等分布式能源并网等问题，实现更高层次的高效、经济、安全运行。

（3）承载信息和能源双重功能。未来智能配网、物联网业务需求对微电网提出了更高要求，微电网靠近负荷和用户，与社会的生产和生活息息相关。以家庭、办公室建筑等为单位的灵活发电和配用电终端、企业、电动汽车充电站以及物流等将在微电网中相互影响，分享信息资源。承载信息和能源双重功能的微电网，使得可再生能源能够通过对等网络的方式分享彼此的能源和信息。

8.5　电力电子技术的发展趋势

随着经济和科学技术的不断发展，对电力电子技术的发展需求也越来越高。将电力电子技术与前沿科学技术联合起来，提高电力电子技术的智能水平，同时利用电力电子技术改善经济发展模式，促进绿色经济的发展是大势所趋。电力电子技术的发展朝着集成化、模块化、高频化、数字化方向发展。下面以智能电网、变频调速和汽车电子为例具体说明。

8.5.1　智能电网

智能电网，就是电网的智能化，它是建立在集成高速双向通信网络的基础上，通过先进的传感和测量技术、设备技术、控制方法以及先进的决策支持系统技术的应用，实现电网的可靠、安全、经济、高效、环境友好和使用安全的目标。智能电网的核心内涵是实现电网的信息化、数字化、自动化和互动化，即"坚强的智能电网"（Strong Smart Grid）。

在智能电网中，电力电子技术的应用对保障智能电网的运行发挥着至关重要的作用，改善了传统电力输送的环境，同时大大提高了电力输送的安全性和可靠性，减少了各种复杂天气下给电力输送带来的损失。因此，电力电子技术的主要作用主要体现在以下三点：

（1）提高了资源的转化率。在资源有限的情况下，如何提高资源的利用率成为电力技术部门研究的重点。借助电力电子技术，将传统的电力输送网全部纳入统一的网络中，形成一张巨大的涵盖发电、输电和配电的网络中。由此，借助当前的电力电子技术大大整合了电力资源，实现了不同地区电力资源的优化。如通过智能电网变配电，贵州的电力可以输送到广东、江苏一带，实现了资源的优化利用。

（2）借助先进的电力电子技术，提高电网电力的质量，使得电力配送更加平稳。同时,先进电力电子技术的应用,也加大了电力工作者对基础设备的投入,从而增强了系统的安全度和可信度。

(3)促进清洁能源的利用。如通过智能电网降低对环境的污染程度,借电力电子技术大力发展光伏发电站,在保护环境的同时提高对自然资源的利用。

8.5.2　变频调速

由于电力电子器件特点之一就是开关控制,通态压降接近于零,在对电能进行控制变换和调节的过程中都处于最高效率状态。因此,合理地应用电力电子技术变速调频可以大幅地节能。

在电机用电中,交流电机拖动占80%左右,且大多都是不变速运行。交流电机转差频率中转子铜损部分消耗是不可避免的,采用变频调速,无论电动机转速高低,转差功率消耗基本不变,系统效率是非常高的,具有显著的节能效果。比如空调用电一般占城市用电量的30%左右,其中在大型商场、办公楼、超市以及食物保鲜中占很大比例。这些空调一般工作在部分负荷下,而压缩机最佳效率在满负荷下才能达到,所以能耗较大。采用变频调速技术控制压缩机,使它能够根据热负荷对房间自动调节制冷或制热,这是一种高效节能的制冷/制热系统,比传统不变速空调可节能15%~20%。

8.5.3　汽车电子

目前城市大气污染总量的半数以上来自燃油汽车尾气。解决环境污染的举措之一是大力发展电动汽车。电动汽车在运行过程中造成大气污染几乎为零,作为一种无污染、低噪声绿色车辆有着较大发展前景。最关键是提供牵引力的动力推动系统,其中又以电池部分最为关键。以电力电子为基础的电气传动技术的进步,为电动汽车的开发提供了先进的物质基础。

新电动汽车采用的动力电源主要有燃料电池、动力蓄电池和超级电容等,由于其自身性能、初始成本和昂贵消耗费用的原因,短时间内比较难达到集比能量、比功率、低成本、长寿命、高能量密度和超快速放电能力于一体。从现有水平出发,发挥最高效的能量转化和多能源优化组合,是最可行的思路。

双向DC-DC变换器在保持输出端直流电压极性不变的情况下,能够根据实际需要完成能量双向传输。电动车行驶过程中需频繁加减速和爬坡,由于蓄电池或燃料电池的比功率指标的限制,直接用它们去驱动电机,会造成电机驱动性能恶化。而使用双向DC-DC变换器可将蓄电池组或超级电容器的电压稳定在一个相对较高数值上,可以明显提高电动机的驱动性能。另外,由于较低的输入感抗会导致电机电流波形中出现较大的纹波,带来很大的铁损和开关损耗,从而带来电机的转矩脉动,采用双向DC-DC变换器能很好地解决这一问题。

本章小结

　　本章所述的电力电子技术,在各种电子装置中都大量应用,本章主要讲述其在电力传动、开关电源、光伏发电、微电网系统等各方面应用。电力电子技术也在不断发展,新材料、新结构器件的陆续产生,计算机技术的进步为现代控制技术的实际应用提供有力的支持,在各行各业中的应用越来越广泛,到处都能感受到电力电子技术存在和它巨大的魅力。

第 9 章

电力电子电路设计实例

为了更好地熟练掌握并应用电力电子技术,本章采用理论与实际相结合的办法,主要介绍两种常见电力变换器的设计范例,详细讲解电子设计中的参数、损耗计算和模块设计方法。

9.1 双向 DC-DC 变换器设计

双向 DC-DC 变换器是一种可在双象限运行的直流变换器,能够实现能量的双向传输。随着开关电源技术的不断发展,双向 DC-DC 变换器已经大量应用于电动汽车、太阳能电池阵、不间断电源和分布式电站等领域,其作为 DC-DC 变换器的一种新的形式,势必会在开关电源领域上占据越来越重要的地位。由于在需要使用双向 DC-DC 变换器的场合很大程度上减轻系统的体积重量及成本,所以具有重要研究价值。

本节的任务是设计用于电池储能装置的双向 DC-DC 变换器,实现电池的充放电功能,双向 DC-DC 变换器结构如图 9.1 所示。

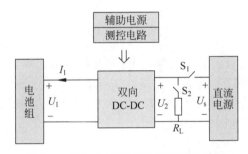

图 9.1 双向 DC-DC 电池充放电结构图

电池组由 5 节 18650 型、容量 2000～3000mAh 的锂离子电池串联组成,实现以下要求:

1. 基本要求

(1) S_1 接通,在 $U_2 = 30V$ 条件下,实现恒流充电。充电电流 I_1 在 1～2A 步进可调,步进值不大于 0.1A,电流控制精度不低于 5%。

(2) 设定 $I_1 = 2A$,调整直流电源输出电压,使 U_2 在 24～36V 变化时,I_1 变化率不大于 1%。

(3) 设定 $I_1 = 2A$,在 $U_2 = 30V$ 条件下,变换器电路效率不低于 90%。

(4) 测量并显示电流 I_1,以及具有过充保护功能,即设定 $I_1 = 2A$,当 U_1 超过 24V 时停止充电。

2. 拓展要求

(1) 断开 S_1,接通 S_2,设定为放电模式,保持 $29.5V \leqslant U_2 \leqslant 30.5V$,此时变换器效率不低于 95%。

（2）调整直流电源 U_s 在 32～38V 波动，使 U_2 能保持在(30±0.5)V 范围内。

（3）满足要求下尽量简化结构，使得整体电路重量不大于 500g。

9.1.1 电路结构

双向 Buck-Boost 变换电路拓扑如图 9.2 所示，采用两路 PWM 驱动，一路开关工作时另一路截止。通过 PWM 驱动有两种工作模式，即 Buck 降压模式和 Boost 升压模式。

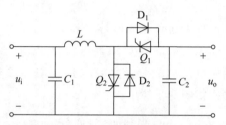

图 9.2 双向 Buck-Boost 变换电路原理图

工作模式一：右端由直流稳压电源供电，向左侧电池充电，双向 Buck Boost 变换器工作为 Buck 降压模式，其等效电路图如图 9.3 所示。

工作模式二：左端由电池供电，向右侧输出，双向 Buck-Boost 变换器工作为 Boost 升压模式，其等效电路图如图 9.4 所示。

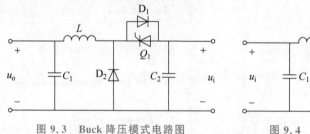

图 9.3 Buck 降压模式电路图   图 9.4 Boost 升压模式电路图

9.1.2 参数计算

1. 电感

首先，根据设计要求，降压充电时，电压大概从 30V 降到 20V，充电电流恒定 2A，为降低开关损耗，将开关频率设定为 20kHz 左右，估计占空比为 0.66，设电感脉动电流 ΔI 小于 1A。则

$$T_{on} = \frac{1}{20000} \times 0.66 = 3.3 \times 10^{-5} s$$

由 $U_{in} - U_o = L \dfrac{\Delta I}{T_{on}}$ 可得

$$L = \frac{T_{on}(U_{in} - U_o)}{\Delta I} = \frac{3.3 \times 10^{-4}}{1} = 3.3 \times 10^{-4} \text{H} = 330 \mu\text{H}$$

其次,根据设计要求,升压充放时,电压大概升到 30V,考虑到内阻损耗等因素,将开关频率设定为 20kHz 左右,取输入电压 15V,占空比为 0.5,设电感脉动电流 ΔI 小于 1A。则

$$T_{on} = \frac{1}{20000} \times 0.5 = 2.5 \times 10^{-5} \text{s}$$

由 $U_{in} = L \dfrac{\Delta I}{T_{on}}$ 可得

$$L = \frac{T_{on} U_{in}}{\Delta I} = \frac{2.5 \times 10^{-5} \times 15}{1} = 3.75 \times 10^{-4} \text{H} = 375 \mu\text{H}$$

由于双向变换器电路升降压电路共用一个电感,取电感值为 $350 \mu\text{H}$ 左右。为了提高变换器效率,这里选择外径 40mm、内径 24mm、高 14mm、相对磁导率为 125 的环形铁硅铝磁芯作为电感磁芯。

根据 $L = \dfrac{\psi}{I} = \dfrac{\mu N^2 h}{2\pi} \ln \dfrac{R_1}{R_2}$,得

$$N = \sqrt{\frac{2\pi L}{\mu h \ln \dfrac{R_1}{R_2}}}$$

将 $h = 0.014\text{m}, R_1 = 0.02\Omega, R_2 = 0.012\Omega, \mu = 125 \times 4\pi \times 10^{-7}$ 代入,得 $N = 45.7$ 匝,取整数 46 匝。

双向变换器在降压模式时,电感最大电流 $2 + \dfrac{\Delta I}{2} = 2.5\text{A}$;在升压模式工作时为 $0.6 + \dfrac{\Delta I}{2} = 1.1\text{A}$,所以最大工作电流为 2.5A。

根据 $B = \dfrac{\mu N I}{2\pi r}$,在 $R_2 = 0.012\Omega$ 时磁感应强度最大,将 $I = 2.5\text{A}, r = 0.012\Omega$ 代入得

$$B_{max} = \frac{125 \times 4\pi \times 10^{-7} \times 46 \times 2.5}{2\pi \times 0.012} = 0.24\text{T}$$

铁硅铝的饱和磁感应强度为 $B_s = 0.8 \sim 1\text{T}$,因此磁芯在最大电感电流下没有达到饱和状态。

2. 电容

本电路输入/输出对偶,因此需要在输入/输出均接入滤波电容,需要滤除主要的开关纹波。选择的电容 C 要足够大,为了使系统达到设计目标,这里选用目前市场上较为常见的大容量 $4700 \mu\text{F}$ 铝电解电容。为减小电容的 ESR(等效串联电阻),在 C_1 和 C_2 电

容两端并联 ESR 较小的高频电解电容。

3. 开关管

Q_1 和 D_1 共同组成一个 MOSFET，Q_2 和 D_2 共同组成一个 MOSFET，在电路中 MOSFET 承受峰值电压 $U_M = 38V$。考虑 $2 \sim 3$ 倍的电压裕量，则选择的开关管额定电压至少 76V。电路上最大平均电流为 2A，考虑 $2 \sim 3$ 倍的电流裕量，则选择的开关管额定电流至少 5A。因此基于以上两点，最终选择 N 沟道 MOS 管的型号为 CSD19536KCS。该开关管额定电压 100V，额定电流 150A，导通内阻 $2.3m\Omega$，比较适合本电路。

9.1.3 损耗计算

1. 开关管损耗

开关管损耗分为开关损耗和导通损耗，本次选用的 MOSFET 内阻 $2.3m\Omega$。经估算，考虑两个开关管的导通损耗合计为

$$P = 2I^2R = 2 \times 2^2 \times 0.0023 = 0.0184W$$

开关损耗分别为

$$P_{open} = \frac{1}{2}V_{open}I_{open}F_{sw} \times (T_{1open} + T_{2open}) = 0.543W$$

$$P_{close} = \frac{1}{2}V_{close}I_{close}F_{sw} \times (T_{1close} + T_{2close}) = 0.322W$$

电路总损耗为

$$P_{total} = 0.0184 + 0.543 + 0.322 = 0.8834W$$

2. 电感储能损耗

电感储能损耗公式，铁损耗 P_F 约为 $222.55mW/cm^3$，磁环体积约为 $4.15cm^3$，所以 $P = 0.22255 \times 4.15 = 0.924W$，约为 1W。

3. 其他损耗

考虑电路实际工作过程中还有其他温度等影响，估算系统功率损耗约为 2.9W。

9.1.4 主要模块设计

1. MOSFET 驱动设计

驱动电路采用专用的半桥驱动芯片 IR2110，电路如图 9.5 所示。图中 C_1 为自举电容，C_2 为滤波电容。HO 和 LO 输出互为相反的 PWM 信号，之间间隔一个短暂的死区

时间 t_d，比较适合用于控制电路中的 MOSFET 管。具体芯片使用见附件文档。

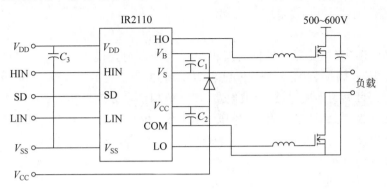

图 9.5　IR2110 驱动电路结构图

2. 电流采样设计

电流控制离不开电流测量和采样电路。电流测量可以有多种采样方法，如采用电流传感器、采样电阻等方法。为了简化设计，这里采用精密采样电阻，结合放大倍数 50 的电流采样芯片 INA282 组成电流采样电路，INA282 输出电压与被测电流关系为 $500\mathrm{mV/A}$，对应 1A 采样电流输出电压 0.5V。电流放大电路如图 9.6 所示。

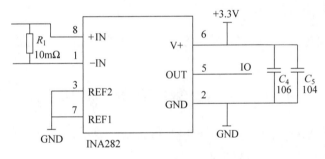

图 9.6　INA282 电流采样结构图

3. 辅助电源采样设计

电源由变压部分、滤波部分、稳压部分组成。为整个系统提供 5V、12V 电压，确保电路的正常稳定工作。本设计由 LM2596 芯片实现，结构如图 9.7 所示。

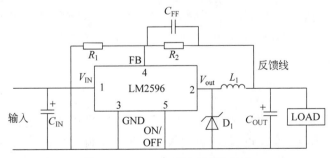

图 9.7　LM2596 辅助电源结构图

9.2 单相 AC-DC 变换器设计

单相 AC-DC 变换器通俗来讲就是将交流电转换为直流电的设备。AC-DC 转换就是通过整流电路,将交流电经过整流、滤波,从而转换为稳定的直流电。AC-DC 变换按电路的接线方式可分为半波电路、全波电路,按电源相数可分为单相、三相、多相,按电路工作象限又可分为一象限、二象限、三象限、四象限。由于电力电子装置的应用日益广泛,高效率转换电能很大程度上减轻电网负荷以及成本,所以具有重要研究价值。

本节设计的电路为单相 AC-DC 电路,重点在于功率因数调整实现电压的高效率转换,使电压传输损耗更小,更加节能,结构如图 9.8 所示。输出直流电压稳定在 36V,输出电流额定值为 2A,并实现以下要求。

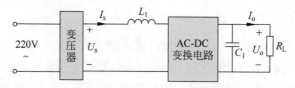

图 9.8 单相 AC-DC 变换电路结构图

1. 基本要求

(1) 输入交流电压 $U_s=24$V,输出直流电流 $I_o=2$A 时,使输出直流电压 U_o 在(36 ± 0.1V)范围内。

(2) 当 $U_s=24$V,I_o 在 $0.2\sim2$A 变化时,负载调整率 $\Delta U_o=\dfrac{U_{o2}-U_{o1}}{U_{o1}}\leqslant0.5\%$。

(3) 当 $I_o=2$A,U_s 在 $20\sim30$V 变化时,电压调整率 $\Delta U_o=\dfrac{U_{o2}-U_{o1}}{36}\leqslant0.5\%$。

(4) 设计并制作电路功率因数测量电路,实现变换电路输入侧功率因数的测量,并具有输出过流保护功能,当动作电流为 2.5A 时关闭电路。

2. 拓展要求

(1) 在 $U_s=24$V,$I_o=2$A,$U_o=36$V 条件下,使 AC-DC 变换电路输入侧功率因数不低于 98%。

(2) 在 $U_s=24$V,$I_o=2$A,$U_o=36$V 条件下,使 AC-DC 变换电路效率不低于 95%。

(3) 能根据设定自动调整功率因数,调整范围不小于 $0.8\sim1.0$。

9.2.1 电路结构

单相 AC-DC 变换器基本拓扑如图 9.9 所示。输入 220V 交流电压,经过自耦变压器和隔离变压器降至 24V 交流电压,然后接入整流桥。整流部分采用全波桥式整流电路,输出直流电压。然后采用 PFC 控制电路控制 Boost 电路稳定输出电压,后续再经过 Buck 电路调整输出 36V 的电压。

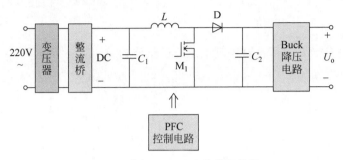

图 9.9　单相 AC-DC 变换器拓扑图

9.2.2　参数计算

1. 最大输入电流、功率

本题要求输出电压稳定在 36V,输出电流额定值为 2A,则电路的额定输出功率为 $P_o = U_o \times I_o = 36 \times 2 = 72\text{W}$。又因过流保护动作电流为 2.5A,即电路最大输出电流为 2.5A,最大输出功率为 90W。P_F 为功率因数,最大输入电流有效值为

$$I_{in(max)} = \frac{P_{out(max)}}{\eta U_{in(min)} P_F} = \frac{90}{0.95 \times 20 \times 0.98} \approx 4.83\text{A}$$

最大输入电流峰值为

$$I_{inpeak(max)} = \sqrt{2} I_{in(max)} = \sqrt{2} \times 4.83 \approx 6.83\text{A}$$

最大输入电流平均值为

$$I_{inavg(max)} = \frac{2 I_{inpeak(max)}}{\pi} = \frac{2 \times 6.83}{\pi} \approx 4.35\text{A}$$

2. 电容

电容 C_1 容量较小,主要是滤除整流桥输出电压中的高频成分。通过计算允许的纹波电流值 I_{ripple} 以及纹波电压值 $U_{ripple(max)}$,可以得到电容 C_1 的最大值,这里将 $I_{in(max)}$ 的 20% 作为纹波电流 I_{ripple},电压纹波系数为 6%,$f_{sw} = 65\text{kHz}$,根据计算得纹波电流值为

$$I_{ripple} = \Delta I_{ripple} \times I_{inpeak(max)} = 0.2 \times 6.83 = 1.366\text{A}$$

纹波电压值为

$$U_{ripple(max)} = U_{ripple} \times U_{in(max)} = 0.06 \times 1.414 \times 30 = 2.55\text{V}$$

输入电容 C_1 值为

$$C_1 = \frac{I_{ripple}}{8 f_{sw} U_{ripple(max)}} \approx 1.03 \mu\text{F}$$

电容 C_2 主要作用是储能,因此选择的电容 C_2 要足够大,为了使系统达到设计目标,这里选用目前市场上较为常见的大容量 $6800\mu F$ 铝电解电容。

3. 电感

按照占空比 $D=0.5$ 可计算得到电感的最小值为

$$L=\frac{U_{out}D(1-D)}{f_{sw}I_{ripple}}=\frac{36V\times0.5\times(1-0.5)}{65kHz\times1.37A}\approx0.101mH$$

因此电感取 $130\sim140\mu H$。

4. 开关 MOS 管

为了降低开关管的损耗,应该选择导通电阻小的 MOS 管,在此选用 IRF3205,导通阻抗仅 $8m\Omega$,可承受端电压为 $55V$,运行通过电流为 $110A$,开关损耗较低。

5. 取样电阻

主要是对电感电流进行取样,考虑过流保护的上下限 $U_{min}=0.66V$,取样电阻计算如下:

$$R_{sense}=\frac{U_{min}}{I_{Lpeak}\times1.25}=\frac{0.66}{7.52\times1.25}\approx0.070\Omega$$

本电路则采用 0.1Ω 的采样电阻,同时并联一个 $1000pF$ 电容改善抗干扰性能。

6. 反馈电阻

为使电源功耗尽量减小以及反馈电压误差减小,取反馈电阻 $R_{FB1}=1M\Omega$,R_{FB2} 的阻值计算为

$$R_{FB2}=\frac{U_{REF}R_{FB1}}{U_{out}-U_{REF}}=\frac{5\times1\times10^6}{36-5}\approx161.29k\Omega$$

9.2.3 主要模块设计

1. PFC 控制电路设计

PFC 控制电路如图 9.10 所示,其外围电路简单,调试方便,可以构成 Boost 电路的电压外环、电流内环双环控制。电流内环作用是使网侧输入电流跟踪电路电压,实现功率因数校正;电压外环使输出直流电压稳定。具体芯片使用见附件文档。

2. 辅助电源电路设计

辅助电源从变压整流之后的直流作为输入,为整个系统提供 5V、12V、15V 电压,确保电路的正常稳定工作。本设计由 LM317 芯片实现,其电路如图 9.11 所示。

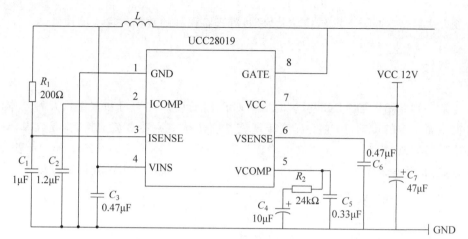

图 9.10　PFC 控制电路图

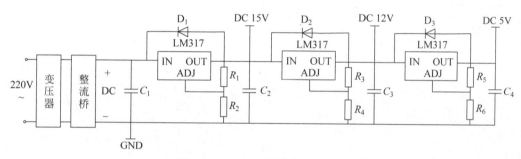

图 9.11　LM317 辅助电源电路图

3. AD 采样/转换电路设计

AD 采样/转换电路如图 9.12 所示。其中 REF5040 是低噪声、低漂移、非常高精度的电压基准芯片,主要提供基准电压。之后根据 AD 采样点得到的电压数据,经过 OPA365 运放

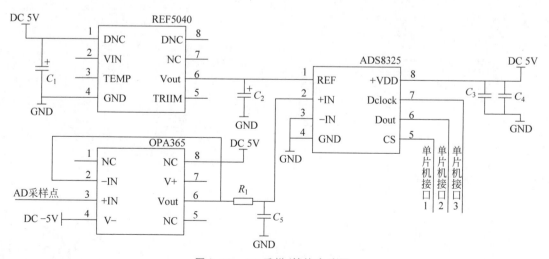

图 9.12　AD 采样/转换电路图

进行放大之后,传递给 ADS 转换芯片,经过处理将得到的数据传递给单片机。

本章小结

本章分别介绍了 DC-DC 电路和 AC-DC 电路的设计。学习和掌握这几种基本电路是掌握本章内容的基础,无论是直流转直流变换还是交流转直流变换,都是在基本电路拓扑中进行修改,想要进一步提高电路转换效率,则要从降低高频状态下开关损耗、导通损耗、电感损耗等入手,以及改进控制方法,例如采用更优良的 PWM 调制方法。

附录 课后习题解析

第 2 章 课后习题解析

1. **解**：电力二极管的工作特性可概括为：承受正向电压导通,承受反向电压截止。

2. **解**：维持晶闸管导通的条件是使其阳极电流大于能保持导通状态的最小通过电流,即维持电流 I_H。要使晶闸管由导通变为关断,可在阴极与阳极两端施加一个反向电压使得通过晶闸管的电流降低至维持电流以下。

3. **解**：(a) 图 2.36(a)中电流的平均值为

$$I_{da} = \frac{1}{2\pi} \int_0^\pi I_m \sin\omega t \, d(\omega t) = \frac{I_m}{\pi}$$

电流的有效值为

$$I_{ba} = \sqrt{\frac{1}{2\pi} \int_0^\pi (I_m \sin\omega t)^2 \, d(\omega t)} = \frac{I_m}{2}$$

(b) 图 2.36(b)中电流的平均值为

$$I_{db} = \frac{1}{\pi} \int_{\frac{\pi}{3}}^\pi I_m \sin\omega t \, d(\omega t) = \frac{3I_m}{2\pi}$$

电流的有效值为

$$I_{bb} = \sqrt{\frac{1}{\pi} \int_{\frac{\pi}{3}}^\pi (I_m \sin\omega t)^2 \, d(\omega t)} = \sqrt{\frac{1}{3} + \frac{\sqrt{3}}{8\pi}} I_m$$

4. **解**：由题目可知,额定电流 100A 的电力二极管允许流过的电流有效值为 157A,则对于电流波形(a),有

$$I_m = 2I_{ba} = 314A$$

进一步得到电流的平均值为

$$I_{da} = \frac{I_m}{\pi} = 100A$$

对于电流波形(b),根据上一题结果可知,$I_{bb} \approx 0.6342 I_m$,则

$$I_m = \frac{I_{bb}}{0.6342} = 247.6A$$

进一步得到电流的平均值为

$$I_{db} = \frac{3I_m}{2\pi} = 118.2A$$

5. **解**:(1)开通时间

$$t_{on} = t_{d(on)} + t_{ri} + t_{fv} = 85ns$$

(2)导通时间

$$T_{on} = 0.6T = 0.6 \times \frac{1}{f_s} = 0.6 \times 50\mu s = 30\mu s$$

(3)关断时间

$$t_{off} = t_{d(off)} + t_{rv} + t_{fi} = 94ns$$

6. **解**:电流控制型器件内部有空穴和电子两种载流子参与导电、工作频率较低;输入阻抗较低、驱动功率大、导通压降很低、导通损耗较小。电压控制型器件是场控器件、输入阻抗高、驱动功率小、工作频率很高。

第3章 课后习题解析

1. **解**:(1)单相桥式半控整流电路的主电路图如图 P3.1 所示。

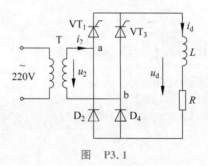

图 P3.1

(2)单相桥式半控整流电路接电阻负载时,输出电压的平均值为

$$U_d = 0.9U_2 \frac{1+\cos\alpha}{2}$$

当控制角最小时,对应的整流输出电压为最大值,即

$$U_{dmax} = 0.9U_2 \frac{1+\cos\alpha_{min}}{2} = 0.9U_2 \frac{1+\cos30°}{2} = 100V$$

由上式可得,$U_2 = 119V$。

当 $U_d = 30V$ 时,对应的控制角 α 满足

$$\cos\alpha = \frac{2U_d}{0.9U_2} - 1 = \frac{2 \times 30}{0.9 \times 119} - 1 = -0.44$$

解得,$\alpha = 116°$。

当 $\alpha = 116°$ 时,要保证整流电路输出电流为 20A,所需变压器副边电流有效值为

$$I_2 = \frac{U_2}{R}\sqrt{\frac{1}{2\pi}\sin2\alpha + \frac{\pi-\alpha}{\pi}} = \frac{119}{30/20}\sqrt{\frac{1}{2\pi}\sin(2\times116°) + \frac{\pi-116°}{\pi}} = 38.06A$$

所以,变压器正边电流的有效值为

$$I_1 = \frac{U_2 I_2}{U_1} = \frac{119 \times 38.06}{220} = 20.59\text{A}$$

（3）当 $\alpha = 116°$ 时,流过晶闸管的电流有效值为

$$I_\text{T} = \frac{U_2}{R} \sqrt{\frac{1}{4\pi} \sin 2\alpha + \frac{\pi - \alpha}{2\pi}} = \frac{I_2}{\sqrt{2}} = \frac{38.06}{\sqrt{2}} = 26.91\text{A}$$

考虑 2 倍安全裕量,所选晶闸管的电流平均值为

$$I_\text{T(AV)} = 2 \times \frac{I_\text{T}}{1.57} = 34.28\text{A}$$

晶闸管承受的最大电压为

$$U_\text{TM} = 2\sqrt{2} U_2 = 2\sqrt{2} \times 119 = 336.58\text{V}$$

所以,选定额定通态平均电流为 40A、额定电压 400V 的晶闸管。

2. **解**:三相半波整流电路中,当 $\alpha = 90°$ 时,

$$U_\text{d} = -1.17 U_2 \cos\alpha = -1.17 \times 100 \times \cos 90° = 0$$

$$I_\text{d} = \frac{U_\text{d} - E}{R} = \frac{0 - (-20)}{2} = 10\text{A}$$

当 $\alpha = 60°$ 时,有

$$U_\text{d} = -1.17 U_2 \cos\alpha = -1.17 \times 100 \times \cos 60° = -58.5\text{V}$$

由于 $E = 20\text{V} < |U_\text{d}| = 58.5\text{V}$, $I_\text{d} = 0$,电路不能工作在有源逆变状态,而是一种待逆变状态。

3. **解**:（1）电阻负载(图 P3.2)

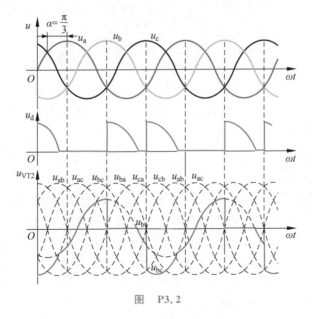

图 **P3.2**

（2）阻感负载（图 P3.3）

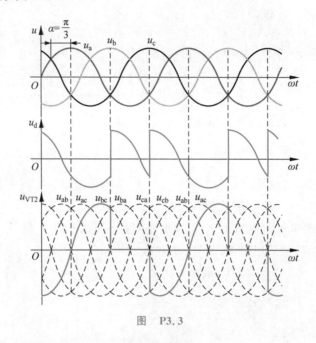

图　P3.3

4. **解**：假设 VT_1 不能导通，整流输出电压波形如图 P3.4 所示。

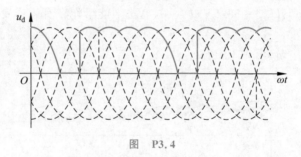

图　P3.4

假设 VT_1 被击穿而短路，则当晶闸管 VT_3 或 VT_5 导通时，将发生电源相间短路，使得 VT_3 和 VT_5 也可能分别被击穿。

5. **解**：不是同一点，相位相差 $180°$。

6. **解**：相差 $180°$。

7. **解**：如果工作在整流状态的电路发生换相失败，可能会导致缺相，输出电压减小。但如果逆变运行时，一旦发生换相失败，外接的直流电源就会通过晶闸管电路形成短路，或者使整流电路的输出平均电压和直流电动势变成顺向串联。由于逆变电路的内阻很小，会形成很大的短路电流，这种情况称为逆变失败，或逆变颠覆。

防止逆变失败的方法有：采用精确可靠的触发电路、使用性能良好的晶闸管、保证交流电源的质量、留出充足的换向裕量角 β 等。

8. **解**：当单相桥式全控整流电路的负载为电阻负载时，要求的晶闸管移相范围是

$0\sim\pi$；当负载为电感负载时，要求的晶闸管移相范围是 $0\sim\dfrac{\pi}{2}$。

当三相桥式全控整流电路负载为电阻负载时，要求的晶闸管移相范围是 $0\sim\dfrac{2\pi}{3}$；当负载为电感负载时，要求的晶闸管移相范围是 $0\sim\dfrac{\pi}{2}$。

9. **解**：(1) 不考虑触发角裕量时有 $U_{dmax}=15V$，

$$U_2=\frac{U_{dmax}}{1.17}=\frac{15}{1.17}=12.82V$$

(2) 当 $\alpha=\dfrac{\pi}{6}$ 时，有

$$U_d=1.17U_2\cos\alpha=1.17\times12.82\times\cos\frac{\pi}{6}=12.99V$$

所以，$U_d=9V$ 对应的触发角 $\alpha>\dfrac{\pi}{6}$，此时 U_d 应为

$$U_d=1.17U_2\frac{1+\cos(\pi/6+\alpha)}{\sqrt{3}}$$

因 $U_d=9V$，故

$$\cos(\pi/6+\alpha)=\frac{\sqrt{3}U_d}{1.17U_2}-1=\frac{\sqrt{3}\times9}{1.17\times12.82}-1=0.0393$$

解得，$\alpha=57.75°$。

(3) 对于带纯电阻负载的三相半波可控整流电路，在输出电流平均值不变的情况下，α 越大，流经晶闸管的电流有效值 I_T 也越大，因此在计算 I_T 的值时，应考虑 $\alpha=57.75°$ 时的工作状态。

$$I_T=\sqrt{\frac{1}{2\pi}\int_{30°+57.75°}^{180°}\left(\frac{\sqrt{2}U_2\cos\omega t}{R_d}\right)^2\mathrm{d}(\omega t)}$$

$$=\sqrt{\left(\frac{U_2}{R_d}\right)^2\times\frac{1}{2\pi}\left[\frac{92.25°\times\pi}{180°}+\frac{\sqrt{3}}{4}\cos(2\times57.75°)+\frac{1}{4}\sin(2\times57.75°)\right]}$$

$$=0.512\frac{U_2}{R_d}$$

由于

$$I_d=0.675U_2\frac{1+\cos87.75°}{R_d}=130A$$

$$I_T=0.730I_d=0.730\times130=94.9A$$

因此，晶闸管的额定通态平均电流、额定电压满足

$$I_{T(AV)}\geqslant\frac{I_T}{1.57}=60.45A$$

$$U_{TM}\geqslant\sqrt{6}U_2=\sqrt{6}\times12.82=31.4V$$

第4章 课后习题解析

1. 解：逆变电路的作用是把直流电转变成定频定压或调频调压的交流电。主要类型有：

（1）按直流电源的性质不同,有电压型逆变电路、电流型逆变电路;

（2）按输出相数不同,有单相逆变电路、三相逆变电路;

（3）按输出交流电的调制方式不同,有脉冲宽度调制（PWM）逆变电路、脉冲幅值调制（PAM）逆变电路等;

（4）按使用的功率开关器件不同,分为半控型器件逆变电路、全控型器件逆变电路。

2. 解：电阻性负载时,输出电压和输出电流同相位,波形相似,均为正、负矩形波。

电感性负载时,输出电压为正负矩形波,输出电流近似为正弦波,相位滞后于输出电压,滞后的角度取决于负载中电感的大小。

在电路结构上,电感性负载电路,每个开关管必须反向并联续流二极管。

3. 解：在电压型逆变电路中,当交流侧为阻感负载时需要提供无功功率,直流侧电容起缓冲无功能量的作用。为了给交流侧向直流侧反馈的无功能量提供通道,逆变桥各臂都并联了反馈二极管。当输出交流电压和电流的极性相同时,电流经电路中的可控开关器件流通,而当输出电压电流极性相反时,由反馈二极管提供电流通道。

在电流型逆变电路中,直流电流极性是一定的,无功能量由直流侧电感来缓冲。当需要从交流侧向直流侧反馈无功能量时,电流并不反向,依然经电路中的可控开关器件流通,因此,不需要并联反馈二极管。

4. 解：开关管承受的电压波形如图 P4.1 所示。

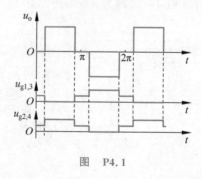

图 P4.1

5. 解：由题可知

$$U_{\text{UNlm}} = \frac{2U_d}{\pi} = 0.637U_d = 95.55\text{V}$$

$$U_{\text{UNl}} = \frac{U_{\text{UNlm}}}{\sqrt{2}} = \frac{\sqrt{2}U_d}{\pi} = 0.45U_d = 67.5\text{V}$$

$$U_{\text{UVlm}} = \frac{2\sqrt{3}U_d}{\pi} = 1.1U_d = 165\text{V}$$

$$U_{UVl} = \frac{U_{UVlm}}{\sqrt{2}} = \frac{\sqrt{6}U_d}{\pi} = 0.78U_d = 0.78 \times 150 = 117V$$

$$U_{UV7} = \frac{U_{UVl}}{7} = \frac{117}{7} \approx 16.71V$$

6. **解**：二极管的主要作用，一是为换流电容器充电提供通道，并使换流电容的电压能够得以保持，为晶闸管换流做好准备；二是使换流电容的电压能够施加到换流过程中刚刚关断的晶闸管上，使晶闸管在关断之后能够承受一定时间的反向电压，确保晶闸管可靠关断，从而确保晶闸管换流成功。

以 VT_1 和 VT_3 间的换流为例，串联二极管式晶闸管逆变电路的换流过程各阶段的电流路径如图 P4.2 所示，可简述如下：

给 VT_3 施加触发脉冲，由于换流电容 C_{13} 电压的作用，使 VT_3 导通而 VT_1 被施以反向电压而关断。直流电流 I_d 从 VT_1 换到 VT_3 上，C_{13} 通过 D_1、U 相负载、W 相负载、D_6、VT_6、直流电源和 VT_3 放电，如图 P4.2(b)所示。因放电电流恒为 I_d，故称恒流放电阶段。在 C_{13} 电压 $u_{C_{13}}$ 下降到零之前，VT_1 一直承受反压，只要反压时间大于晶闸管关断时间，就能保证可靠关断。

$u_{C_{13}}$ 降到零之后在 U 相负载电感的作用下，开始对 $u_{C_{13}}$ 反向充电。如忽略负载上电阻的压降，则在 $u_{C_{13}}=0$ 时刻后，二极管 D_3 受到正向偏置而导通，开始流过电流。两个二极管同时导通，进入二极管换流阶段，如图 P4.2(c)所示。随着 C_{13} 充电电压不断增高，充电电流逐渐减小，到某一时刻充电电流减到零，D_1 承受反压而关断，二极管换流阶段结束。之后进入 VT_2，VT_3 稳定导通阶段，电流路径如图 P4.2(d)所示。

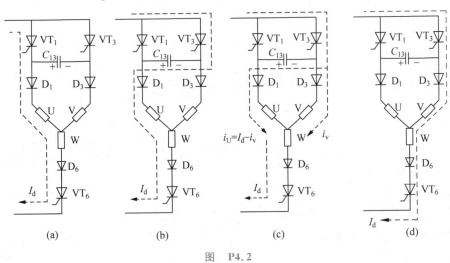

图 P4.2

7. **解**：由 180°导电型逆变器的工作原理可知，产生相序为 U、V、W 的三相平衡输出电压，晶闸管的触发导通顺序应按 $VT_1 \rightarrow VT_2 \rightarrow VT_3 \rightarrow VT_4 \rightarrow VT_5 \rightarrow VT_6$ 的顺序。

若使相序反向，则触发导通顺序相反，为 $VT_6 \rightarrow VT_5 \rightarrow VT_4 \rightarrow VT_3 \rightarrow VT_2 \rightarrow VT_1$。

8. **解**：PWM 电路优点如下：

(1) 可以得到所需波形的输出电压，满足负载需要；

(2) 整流电路采用二极管整流，可获得较高的功率因数；

(3) 只用一级可控的功率环节，电路结构简单；

(4) 通过对输出脉冲的宽度控制就可改变输出电压的大小，大大加快了逆变器的响应速度。

9. **解**：单极性调制时，调制波为正弦波电压，载波在正半周时为正向三角波，负半周时为负向三角波。主电路输出电压正半周为正向 SPWM 波形，负半周为负向 SPWM 波形，其瞬时电压有 $+U_d$、0、$-U_d$ 三种电平。双极性调制时，调制波为正弦波电压，载波为正负三角波。主电路输出电压为正负 SPWM 波形，其瞬时电压只有 $+U_d$、$-U_d$ 两种电平。

第 5 章　课后习题解析

1. **解**：由题目已知条件可得

$$EI_1T_{on}=(U_d-E)I_1T_{off}$$

$$\tau=\frac{L}{R}=\frac{0.001}{0.5}=0.002$$

当 $T_{on}=5\mu s$ 时，有

$$\rho=\frac{t}{\tau}=0.01$$

$$\alpha\rho=\frac{T_{on}}{\tau}=0.0025$$

由于

$$\frac{e^{\alpha\rho}-1}{e^{\rho}-1}=\frac{e^{0.0025}-1}{e^{0.01}-1}\approx0.249>m$$

所以输出电流连续。

2. **解**：(1) 电感 L 放电时，其储存的能量具有使电压泵升的作用；(2) 电感 L 充电时，电容 C 起稳压作用。

3. **解**：相同点：Buck 电路和 Boost 电路多以主控型电力电子器件（如 GTO、GTR、VDMOS 和 IGBT 等）作为开关器件，其开关频率高，变换效率也高。

不同点：Buck 电路在 V 关断时，只有电感 L 储存的能量供给负载，实现降压变换，且输入电流是脉动的。而 Boost 电路在 V 处于通态时，电源 E 向电感 L 充电，同时电容 C 集结的能量提供给负载；而在 V 处于关断状态时，由电感 L 与电源 E 同时向负载提供能量，从而实现了升压，在连续工作状态下输入电流是连续的。

4. **解**：

电流可逆斩波电路中，V_1 和 D_1 构成降压斩波电路，由电源向直流电动机供电，电动

机为电动运行,工作于第一象限;V_2 和 D_2 构成升压斩波电路,把直流电动机的动能转变为电能反馈到电源,使电动机作再生制动运行,工作于第二象限。图 P5.1 中,各阶段器件导通情况及电流路径等如下:

(1) V_1 导通,电源向负载供电[图 P5.1(a)];

(2) V_1 关断,D_1 续流[图 P5.1(b)];

(3) V_2 也导通,L 上蓄能[图 P5.1(c)];

(4) V_2 关断,D_2 导通,向电源回馈能量[图 P5.1(d)]。

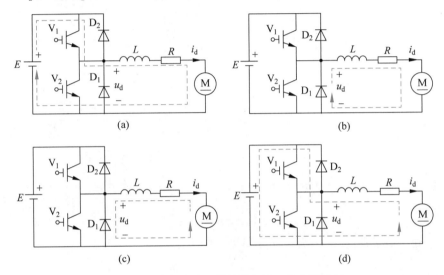

图 P5.1 半桥电流可逆斩波电路工作电流路径

5. **解**:需使电动机工作于反转电动状态时,由 V_3 和 D_3 构成的降压斩波电路工作,此时需要 V_2 保持导通,要 V_3 和 D_3 构成的降压斩波电路相配合。

(1) 当 V_3 导通时,电源向 M 供电,使其反转电动,电流路径如图 P5.2(a)所示。

(2) 当 V_4 导通时,负载通过 D_3 续流,电流路径如图 P5.2(b)所示。

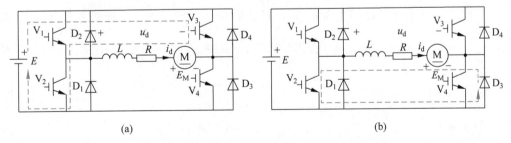

图 P5.2 桥式可逆斩波电路工作电流路径

6. **解**:降压-升压斩波电路的基本原理:当可控开关 V 处于通态时,电源 E 经 V 向电感 L 供电,使其储存能量,此时电流为 i_1,方向如图 P5.3(a)所示,同时电容 C 维持输出电压基本恒定并向负载 R 供电。此后,使 V 关断,电感 L 中储存的能量向负载释放,

电流为 i_2,方向如图 P5.3(b)所示,可见,负载电压极性为上负下正,与电源电压极性相反。

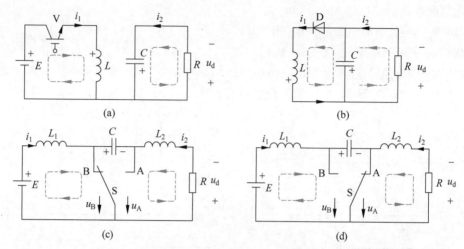

(a)

(b)

(c)

(d)

图 P5.3　降压-升压斩波电路和 Cuk 斩波电路等效电路

稳态时,一个周期 T 内电感 L 两端电压 u_L 对时间的积分为零,即

$$\int_0^T u_L dt = 0$$

当 V 处于通态期间,$u_L = E$;而当 V 处于断态期间,$u_L = -u_d$。于是

$$E \cdot T_{on} = U_d \cdot T_{off}$$

改变导通比 α,输出电压既可比电源电压高,也可比电源电压低。当 $0 < \alpha < 1/2$ 时为降压,当 $1/2 < \alpha < 1$ 时为升压,因此将该电路称作降压-升压斩波电路。

Cuk 斩波电路的基本原理:当 V 处于通态时,$E \rightarrow L_1 \rightarrow V$ 回路和 $R \rightarrow L_2 \rightarrow C \rightarrow V$ 回路分别流过电流。当 V 处于断态时,$E \rightarrow L_1 \rightarrow C \rightarrow D$ 回路和 $R \rightarrow L_2 \rightarrow D$ 回路分别流过电流。输出电压的极性与电源电压相反。该电路的等效电路如图 P5.3(c)所示,相当于开关 S 在 A、B 两点之间交替切换。

假设电容 C 很大使电容电压 u_C 的脉动足够小时。当开关 S 合到 B 点时,B 点电压 $u_B = 0$,A 点电压 $u_A = -u_C$;相反,当 S 合到 A 点时,$u_B = u_C$,$u_A = 0$,$U_i + \dfrac{N_1}{N_3} U_d$。因此,B 点电压 u_B 的平均值为 $u_B = \dfrac{T_{off}}{T} U_C$($U_C$ 为电容电压 C 的平均值),又因电感 L_1 的电压平均值为零,所以 $E = u_B = \dfrac{T_{off}}{T} U_C$。A 点的电压平均值为 $U_A = -\dfrac{T_{on}}{T} U_C$,且 L_2 的电压平均值为零,按图 P5.3(d)中输出电压 U_d 的极性,有 $U_d = -\dfrac{T_{on}}{T} U_C$。于是可得出输出电压 U_d 与电源电压 E 的关系:

$$U_d = \frac{T_{on}}{T_{off}} E = \frac{T_{on}}{T - T_{on}} E = \frac{\alpha}{1 - \alpha} E$$

两个电路实现的功能是一致的,均可方便地实现升降压斩波。与降压-升压斩波电路相比,Cuk斩波电路有一个明显的优点,其输入电源电流和输出负载电流都是连续的,且脉动很小,有利于对输入、输出进行滤波。

7. **解**:根据升压斩波电路原理图,在Multisim元件库中选择合适型号的元件,并设置相应的数值。完成元件选择设置之后,按照原理图合理摆放各元件,并进行连接。此外可以选择示波器、电压表等合适的器件以便于观察电路运行时特定位置的电压或电流的波形和数值。当电路电压和电流的波形和数值与上述理想计算情况下相近时,体现出该电路设计满足要求。

8. **解**:Cuk斩波电路设计步骤参考习题7的升压斩波电路设计步骤。

第6章 课后习题解析

1. **解**:电炉是电阻性负载。220V、10kW的电炉的电流有效值应为

$$I = \frac{U}{R} = \frac{10000}{220} \approx 45.5\text{A}$$

要求输出功率减半至5kW,即I^2值减小$\frac{1}{2}$,故工作电流应为

$$I = \frac{45.5}{\sqrt{2}} \approx 32.1\text{A}$$

输出功率减半,即U^2值减小$\frac{1}{2}$,则$\alpha = 90°$。

功率因数为

$$\lambda = \frac{P}{S} = \frac{U_\text{o}I_\text{o}}{U_1 I_\text{o}} = \frac{1}{\sqrt{2}} \approx 0.707$$

2. **解**:(1) 负载阻抗角为

$$\varphi = \arctan\frac{\omega L}{R} = \arctan\frac{0.5}{0.5} = \frac{\pi}{4}$$

最小控制角为$\alpha_{\min} = \varphi = \frac{\pi}{4}$,故控制角范围为$\frac{\pi}{4} \leqslant \alpha \leqslant \pi$。

(2) $\alpha = \frac{\pi}{4}$时,输出电压最大,电流也最大,故最大有效值为

$$I_\text{o} = \frac{U}{\sqrt{R^2 + X_\text{L}^2}} = \frac{220}{\sqrt{0.5^2 + 0.5^2}} \approx 311\text{A}$$

3. **解**:(1) $U_\text{o} = \sqrt{\frac{20}{20+40}}U_\text{i} \approx 127\text{V}$

(2) $P_\text{o} = \frac{U_\text{o}^2}{R} = \frac{127^2}{5}\text{W} \approx 3226\text{W}$

(3) 负载为纯电阻负载,因此输入功率因数$\lambda_\text{i} = 1$。

4.**解**：交流调压电路和交流调功电路的电路形式完全相同,二者的区别在于控制方式不同。

交流调压电路是在交流电源的每个周期对输出电压波形进行控制。而交流调功电路是将负载与交流电源接通几个波,再断开几个周波,通过改变接通周波数与断开周波数的比值来调节负载所消耗的平均功率。

交流调压电路广泛用于灯光控制(如调光台灯和舞台灯光控制)及异步电动机的软启动,也用于异步电动机调速。在供用电系统中,还常用于对无功功率的连续调节。此外,在高电压小电流或低电压大电流直流电源中,也常采用交流调压电路调节变压器一次电压。如采用晶闸管相控整流电路,高电压小电流可控直流电源就需要很多晶闸管串联;同样,低电压大电流直流电源需要很多晶闸管并联,这都是十分不合理的。采用交流调压电路在变压器一次侧调压,其电压电流值都不太大也不太小,在变压器二次侧只要用二极管整流就可以了。这样的电路体积小、成本低,易于设计制造。

交流调功电路常用于电炉温度这种时间常数很大的控制对象。由于控制对象的时间常数大,没必要对交流电源的每个周期进行频繁控制。

5.**解**：交流调功电路和交流电力电子开关都是控制电路的接通和断开,但交流调功电路是以控制电路的平均输出功率为目的,其控制手段是改变控制周期内电路导通周波数和断开周波数的比。而交流电力电子开关并不去控制电路的平均输出功率,通常也没有明确的控制周期,只是根据需要控制电路的开通和断开。另外,交流电力电子开关的控制频度通常比交流调功电路低得多。

6.**解**：按能量变换情况,可将变频器分成两大类:交-交变频器和交-直-交变频器。交-直-交变频器又分电压型变频器和电流型变频器。

电压型变频器和电流型变频器的主要区别见表 P6.1。

表 **P6.1**　电压型变频器和电流型变频器对比

特点名称	电压型变频器	电流型变频器
储能元件	电容器	电感器
输出波形的特点	电压波形为矩形波 电流波形近似正弦波	电流波形为矩形波 电压波形为近似正弦波
回路构成上的特点	有反馈二极管 直流电源并联大容量电容(低阻抗电压源) 电动机四象限运转需要再生用变流器	无反馈二极管 直流电源串联大电感(高阻抗电流源) 电动机四象限运转容易
特性上的特点	负载短路时产生过电流 开环电动机也可能稳定运转	负载短路时能抑制过电流 电动机运转不稳定需要反馈控制
适用范围	适用于作为多台电机同步运行时的供电电源,但不要求快速加减	适用于一台变频器给一台电机供电的单电机传动,但可以满足快速起制动和可逆运行的要求

7.**解**：晶闸管相控整流电路和晶闸管交流调压电路都是通过控制晶闸管在每一个

电源周期内的导通角的大小(相位控制)来调节输出由压的大小。但二者电路结构不同,在控制上也有区别。

相控整流电路的输出电压在正负半周同极性加到负载上,输出直流电压。而交流调压电路,在负载和交流电源间用两个反并联的晶闸管 VT_1、VT_2 或采用双向晶闸管相连。当电源处于正半周时,触发 VT_1 导通,电源的正半周施加到负载上;当电源处于负半周时,触发 VT_2 导通,电源负半周便加到负载上。电源过零时交替触发 VT_1、VT_2,则电源电压全部加到负载,输出交流电压。

8. **解**:变频调速恒压供水系统的工作原理:设备投入运行前,首先应设定设备的工作压力等相关运行参数,设备运行时,由压力传感器连续采集供水管网中的水压及水压变化率信号,并将其转换为电信号传送至变频控制系统,控制系统将反馈回来的信号与设定压力进行比较和运算,如果实际压力比设定压力低,则发出指令控制水泵加速运行,如果实际压力比设定压力高,则控制水泵减速运行,当达到设定压力时,水泵就维持在该运行频率上。如果变频水泵达到了额定转速(频率),经过一定时间的判断后,如果管网压力仍低于设定压力,则控制系统会将该水泵切换至工频运行,并变频启动下一台水泵,直至管网压力达到设定压力;反之,如果系统用水量减少,则系统指令水泵减速运行,当降低到水泵的有效转速后,则正在运行的水泵中最先启动的水泵停止运行,即减少水泵的运行台数,直至管网压力恒定在设定压力范围内。主泵停止工作,副泵进行供水也为变频恒压供水方式,进一步提高了工作效率,节约了能源。

第 7 章　课后习题解析

1. **解**:在硬开关电路的基础上,增加了小电感、电容等谐振器件,构成辅助换流网络,在开关过程前后引入谐振过程,实现零电压开通,零电流关断,使开关条件得以改善,降低传统硬开关的开关损耗和开关噪声,从而提高了电路的效率。这样的电路称为软开关电路,具有该开关过程的开关称为软开关。

采用软开关技术的目的是进一步提高开关频率和减少损耗。

2. **解**:根据电路中主要的开关元件导通及关断时的电压电流状态,可将软开关电路分为零电压导通、零电流导通、零电压关断和零电流关断四类。根据软开关技术发展的历程可将软开关电路分为准谐振电路、零开关 PWM 电路和零转换 PWM 电路。

准谐振电路中电压或电流的波形为正弦波,电路结构比较简单,但谐振电压或谐振电流很大,对器件要求高,只能采用脉冲频率调制控制方式。

零开关 PWM 电路引入辅助开关来控制谐振的开始时刻,使谐振仅发生于开关过程前后,此电路的电压和电流基本上是方波,开关承受的电压明显降低,电路可以采用开关频率固定的 PWM 控制方式。

零转换 PWM 电路也引入了辅助开关来控制谐振的开始时刻,与零开关 PWM 电路不同之处在于,其谐振电路的辅助开关是与主开关并联的,使输入电压和负载对谐振的影响大大降低。电路在很宽的输入电压和负载变化范围内都能工作在软开关状态,使得电路效率有了进一步提高。

3. **解**：使开关开通前的两端电压为零，则开关导通过程中就不会产生损耗和噪声，这种开通方式为零电压开通；而使开关关断时其电流为零，也不会产生损耗和噪声，称为零电流关断。

4. **解**：零电压开关 PWM 电路既有主开关零电压导通的优点，同时，当输入电压和负载在一个很大的范围内变化时，又可像常规 PWM 那样通过恒频 PWM 调节其输出电压，从而给电路中变压器、电感器和滤波器的最优化设计创造了良好的条件，克服了准谐振电路中变频控制带来的诸多问题。但其主要缺点是保持了原准谐振电路中固有的电压应力较大且与负载变化有关的缺陷。另外，谐振电感串联在主电路中导致主开关管的零电压开关条件与电源电压及负载有关。

零电压转换 PWM 电路主功率管在零电压下完成导通和关断，有效地消除了主功率二极管的反向恢复特性的影响，同时又不过多地增加主功率开关管与主功率二极管的电压和电流应力。零电压转换 PWM 电路中的辅助开关是在高电压、大电流下关断，使辅助开关的开关损耗增加，从而影响整个电路的效率。然而，这些缺点都可以通过电路拓扑结构的改进来加以克服。

5. **解**：零电流转换 PWM 电路主开关管在零电流下关断，降低了类似 IGBT 这种具有很大电流拖尾的大功率电力电子器件的关断损耗，并且没有明显增加主功率开关管及二极管的电压、电流应力。同时，谐振网络可以自适应地根据输入电压与负载的变化调整自己的环流能力。更重要的是它的软开关条件与输入、输出无关，这就意味着它可在很宽的输入电压和输出负载变化范围内有效地实现软开关操作过程，并且所需的环流能量也不大。

零电流开关 PWM 电路的输入电压和负载在一个很大范围内变化时，可像常规的 PWM 变换电路那样通过恒定频率 PWM 控制调节输出电压，且主开关管电压应力小。其主要特点与零电流开关准谐振电路是一样的，即主开关管电流应力大，续流二极管电压应力大。由于谐振电感仍保持在主功率能量的传递通路上。因此，实现零电流开关的条件与电网电压、负载变化有很大的关系，这就制约了它在这些场合的作用。可以像准谐振电路一样通过谐振为主功率开关管创造零电压或零电流开关条件，又可以使电路像常规 PWM 电路一样，通过恒频占空比调制来调节输出电压。

6. **解**：在 V_1 导通时，u_{V_1} 不等于零；在 V_1 关断时，其流过电流也不为零，因此 V_1 为硬开关。由于电感 L 的存在，V_1 开通时的电流上升率受到限制，降低了 V_1 的开通损耗。由于电感 L 的存在，使 D_1 的电流逐步下降到零，自然关断，因此 D_1 为软开关。

图书资源支持

感谢您一直以来对清华大学出版社图书的支持和爱护。为了配合本书的使用，本书提供配套的资源，有需求的读者请扫描下方的"书圈"微信公众号二维码，在图书专区下载，也可以拨打电话或发送电子邮件咨询。

如果您在使用本书的过程中遇到了什么问题，或者有相关图书出版计划，也请您发邮件告诉我们，以便我们更好地为您服务。

我们的联系方式：

地　　址：北京市海淀区双清路学研大厦 A 座 714

邮　　编：100084

电　　话：010-83470236　　010-83470237

资源下载：http://www.tup.com.cn

客服邮箱：tupjsj@vip.163.com

QQ：2301891038（请写明您的单位和姓名）

用微信扫一扫右边的二维码，即可关注清华大学出版社公众号。

教学资源·教学样书·新书信息

人工智能科学与技术
人工智能|电子通信|自动控制

资料下载·样书申请

书圈